中国古代著名建筑

徐潜/主编

吉林文史出版社

图书在版编目（CIP）数据

中国古代著名建筑 / 徐潜主编 .—长春：吉林文史出版社，2013.4（2023.7 重印）

ISBN 978-7-5472-1530-2

Ⅰ.①中… Ⅱ.①徐… Ⅲ.①古建筑-中国 Ⅳ.①TU-092.2

中国版本图书馆 CIP 数据核字（2013）第 064003 号

中国古代著名建筑

ZHONGGUO GUDAI ZHUMING JIANZHU

主　　编　徐　潜
副 主 编　张　克　崔博华
责任编辑　张雅婷
装帧设计　映象视觉
出版发行　吉林文史出版社有限责任公司
地　　址　长春市福祉大路 5788 号
印　　刷　三河市燕春印务有限公司
版　　次　2013 年 4 月第 1 版
印　　次　2023 年 7 月第 4 次印刷
开　　本　720mm×1000mm　1/16
印　　张　13
字　　数　250 千
书　　号　ISBN 978-7-5472-1530-2
定　　价　45.00 元

序　言

民族的复兴离不开文化的繁荣,文化的繁荣离不开对既有文化传统的继承和普及。这套《中国文化知识文库》就是基于对中国文化传统的继承和普及而策划的。我们想通过这套图书把具有悠久历史和灿烂辉煌的中国文化展示出来，让具有初中以上文化水平的读者能够全面深入地了解中国的历史和文化，为我们今天振兴民族文化，创新当代文明树立自信心和责任感。

其实，中国文化与世界其他各民族的文化一样，都是一个庞大而复杂的“综合体”，是一种长期积淀的文明结晶。就像手心和手背一样，我们今天想要的和不想要的都交融在一起。我们想通过这套书，把那些文化中的闪光点凸现出来，为今天的社会主义精神文明建设提供有价值的营养。做好对传统文化的扬弃是每一个发展中的民族首先要正视的一个课题，我们希望这套文库能在这方面有所作为。

在这套以知识点为话题的图书中，我们力争做到图文并茂，介绍全面，语言通俗，雅俗共赏。让它可读、可赏、可藏、可赠。吉林文史出版社做书的准则是“使人崇高，使人聪明”，这也是我们做这套书所遵循的。做得不足之处，也请读者批评指正。

编　者

2012年12月

目　录

故宫

故宫，旧时又被称为紫禁城，它是明、清两代的皇宫，无与伦比的古代建筑杰作，是世界现存最大、最完整的古建筑群，被誉为世界五大宫之首（北京故宫、法国凡尔赛宫、英国白金汉宫、美国白宫、俄罗斯克里姆林宫）。在中华民族悠久而绵长的历史长河中，故宫作为封建王朝都城的缩影，经历了时间的洗礼，屹然耸立在北京的中心，向世界展示着中华文明，展示着中国劳动人民的智慧结晶。

一、历史划过的痕迹

故宫始建于永乐四年（1406年），永乐十八年（1420年）基本竣工，历时14年，明成祖朱棣始建，是在元大都宫殿的基础上兴建的。从故宫建成到1911年清帝逊位的约五百年间，故宫历经了明清两个朝代二十四位皇帝，是明清两朝最高统治核心的代名词。

（一）明朝——故宫建造的伊始

1403年的大年初一，大明朝第三个皇帝朱棣，正式启用永乐作为自己的年号，历时三年的靖难之变，再一次改写了明朝的历史，揭开了中国历史新的一页。

永乐元年，明朝的都城在中国南京，而此时的北京城在大明的版图上只是朝廷的一个布政司，叫作北平，朱棣11岁时被封为燕王，他对这片土地怀有深深的热情。永乐元年的农历正月十三，朱棣按祖制祭祀完天地回到皇宫，当君臣们相聚一堂时，一个叫李至刚的礼部尚书，向朱棣提出建议，把都城迁往北平，朱棣非常高兴地答应了下来。

然而，1403年5月，朱棣在一次临朝时提议迁都北平，却遭到了大臣们的强烈反对，此后，朱棣采用迂回的方式，秘密筹办迁都事宜。同年，在刚刚由北平改称为北京的城市里，来了许多江浙一带富有的商人，朝廷应允他们，移至北京生活即可免去五年的赋税，很快他们便开始了在北京的新生活。与此同时，在北京的郊区，许多农民垦荒种地，大规模的移民工程即将开始。

1406年8月，以丘福为首的一群大臣，建议在北京修建一座新的宫殿，永乐皇帝非常愉快地接受了这个建议，开始派他的心腹亲信们奔赴全国各地，为这项巨大工程做准备，这次宫殿建设的备料过程长达近十年。

在这十年中，北京逐渐成了大明王朝疆域内最热闹最庞大的建筑工地，那些由此而生的著名工地名称一直保存至今。这样一个浩大的工程中，能被历史记载下来的人，只有极少的几个，那些当年为这座宫殿付出辛劳的工匠，据说

超过百万之多。他们中也不乏幸运者，有两个来自山西的工匠王顺、胡良，永乐皇帝视察工地的一天，看到了他们的彩绘。皇帝扶着王顺的肩膀，对他称赞不已。

泰宁侯陈珪，泰州人，1406 年被任命为改造建设北京城及宫殿的总指挥。陈珪以前是当兵的，曾经跟过大将军徐达。后来又做了朱棣的前锋。再后来，他就做了工程师，主持修建紫禁城，即故宫。

事实证明，陈珪不仅是一个优秀的将领，而且也是一个优秀的工程管理者，他的工程管理经验，一半来源于他的军事管理经验。

永乐皇帝在写给陈珪的一封诏书里说："要善待工地上的军人和民工，饮食和作息要有规律，不要过于劳累。你们要体谅我爱惜百姓的想法。"陈珪一直在北京监工，直到 1419 年去世，他没有等到紫禁城落成的那一天。

1409 年，朱棣以巡狩的名义住在中南海，从 1409 年至宫殿建成后的 1421 年间，他在北京共度过了 5 年又 8 个月的时间，这使得大明朝的决策、军事和行政系统逐渐北移。跟随朱棣来到北京的有一个叫王绂的画家，在这一时期创作了《燕京八景图》，用细腻的笔法描绘了那个时期北京的美景和风情。那一时期，北京逐渐呈现出一派欣欣向荣的景象。移民军户对郊区的屯田垦荒，使北京农业生产水平得到迅速提高，北京对于这个王朝开始显得越来越重要。

1416 年 11 月的一天，朱棣突然召集文武群臣，和颜悦色地与大家谈论起一个关于北京的敏感话题。皇上对北京宫殿的修建表现出异乎寻常的民主，而这一次群臣没有再提出反对意见，他们说："北京北枕居庸关，西靠太行山，东连山海关，南俯中原，沃野千里，山川壮丽，足以控制四方，统治天下，确实是可以绵延万世的帝王之都。"

朱棣多年处心积虑的迁都愿望，瞬间变成了君臣的合意。后世的历史学家认为，这次决定意味着中国政治中心开始北移，中国地缘政治从此发生改变，这种改变影响了中国数百年的政治格局。

关于这座宫殿建设的正式记载，在《明实录》上有这样的几句话："癸亥，初营建北京，

凡庙社、宫殿、门阙，规制悉如南京，而高敞壮丽过之……至是成。”在1419年，关于这座宫殿的建设只能用文字记录。

1420年，这座宫殿终于建成了，它是在元大都皇宫旧址上诞生的。元大都曾十分著名的延春阁被景山所取代，而整个宫殿建筑群由北往南延伸坐落在整个北京的中心地带，成为这个王朝新的神圣之地。

这里的砖瓦木石，这里的色彩，这里的空间布局，都昭示着中国人曾经的文明意志和理念。从此，这里开始历经24位皇帝和众多嫔妃皇子们的悲喜人生，开始上演中国历史中许多精彩的瞬间。

据说宫殿建好之后，意得志满的永乐皇帝把一位会推算未来的姓胡的官员找来，让他算一下以后会发生什么事。胡姓官员回答说：“明年四月初八宫殿会发生火灾。”永乐帝大怒，把他关进监狱，并表示到时候若不着火就杀他人头。之后，谁都没把这个人的话放在心上，大家都沉浸在新宫殿建成后的喜悦之中。

1421年5月9日这一天，天气骤变，雷鸣电闪，三大殿被雷电击中，大火突然升起。朱棣到底有没有找官员测算新宫殿的未来，在历史上无法考证。永乐皇帝在近二十年间投入大量人力、物力、财力建成的三大殿，只存在了三个月，就毁于天火。不久之后，朱棣志在消除边患发动第六次北征蒙古的行动，但是他的健康每况愈下，戎马一生的他居然从马上摔了下来，在北征蒙古的途中在榆木川走到了生命的尽头。

毁于天火的大明宫殿三大殿，在永乐时代没有再进行重修工作。之后的二十年中，曾经辉煌如梦境一般的紫禁城中央地带，是一片焦黑的废墟。

转眼间十多年过去了，正统元年（1436年），明英宗朱祁镇即位。这位实际年龄只有7岁的孩子十分崇拜他的曾祖父朱棣，他一登上皇位就做了一件他的父亲和祖父都没有做的事情——重修故宫。

这一年的秋天，朱祁镇下诏：“命太监阮安、都督同知沈清、少保工部尚书吴中率军夫数万人修建京师九门城楼。”又过了五年，他正式下诏重修三大殿和乾清、坤宁二宫。下诏当日工程就正式动工。

一年半之后，故宫又完好如初，一道圣旨又昭告了天下。

北京故宫，最终成为中国明清两代统治天下的最高政治中心。一座世界建筑艺术史上独一无二的经典之作，从此傲然于世，成为我们人类历史上迄今能看到的最大的宫殿建筑群，也成为全人类共同的历史文化遗产。然而紫禁城在重新建好后，又将面对数百年中的一次又一次灾难和重建，它的故事或许才刚刚开始。

（二）清朝——盛世的脊梁

1643 年 8 月初，皇太极在盛京（今沈阳）清宁宫猝然病死，葬于昭陵，庙号太宗。皇太极死后，其第九子福临在叔父摄政睿亲王多尔衮的辅佐下继了帝位，改元顺治。1644 年 9 月，在浩浩荡荡的随从队伍的陪同下，福临和他的母亲从盛京老家向北京进发，他们此行的目的地是紫禁城，顺治成为清入关后的第一位皇帝。

据《清实录》记载，当时年仅 6 岁的福临是在皇极门，也就是现在的太和门登基的。顺治二年，中轴线上的宫殿被一一修复，重新命名，皇极殿改名为太和殿，中极殿改名为中和殿，建极殿改名为保和殿。

对于当时还不稳定的新政权来说，一个和字，包含了他们对天下和平、君民和谐的最热切的期盼。自此以后，紫禁城的匾额上出现了满文。顺治帝在位不足 18 年，于 1661 年病逝，他没有等到他所盼望的和平盛世的到来。

顺治帝死后，他的第三子玄烨继承皇位，即康熙大帝，他是中国历史上在位时间最长的皇帝，开启了清朝的辉煌时代。

1679 年，一个寒冷的冬夜，太和殿西侧的御膳房突然燃起了火光，大火一路蔓延，两小时后烧着了太和殿。几天后，引起这次火灾的六名太监被处以绞刑，此后太和殿在长达 18 年的时间里始终是废墟一片。此时的康熙帝正在忙于指挥各地，稳定统治，随后的 16 年里，康熙帝先后平定了三藩叛乱，收复台湾，打败了入侵的沙俄军队，签订了清王朝唯一一个对外平等条约《中俄尼布楚条约》。

康熙三十四年，天下终于稳定，此时的康熙帝也开始着手准备重建太和殿。但是，在重建过程中，他们遇到了很大的困难，太和殿的上一次重建是在明天启年间，距此相隔 69 年，

人们不知道太和殿的确切建筑比例和数据，康熙帝曾亲自查阅书籍史料，希望从中得到解决的办法，但结果令他非常失望。

就在此时，一个叫梁九的人使这件事情发生了转机，他曾在明崇祯年间进入工部，在那里工作了四十余年。根据《梁九传》记载，梁九按照十比一的比例建造了太和殿的模型，而工匠们将这些模型组件放大制作，完成了太和殿的重建。太和殿是目前世界上最大的木质建筑。

等到雍正皇帝即位后，他并没有按照惯例住进乾清宫，而是搬进了华门外的养心殿。看到乾清宫的一景一物，都让雍正皇帝想起他的父亲在这里度过的六十余年，他不忍心住进乾清宫，于是下令将养心殿略作修缮，要求一定要朴素。

雍正皇帝的决定，使故宫的布局出现了变化，养心殿的地位开始上升，在故宫中显得越来越重要。作为皇帝办公和休息的地方，养心殿的采光多少便成为修缮中的主要问题。雍正元年，清宫内务府造办处《活计档·木作》记载："十月初一日，有谕旨，养心殿后寝宫，穿堂北边东西窗安玻璃二块。"当时，玻璃是非常少有的物件，全部依靠海外进口。

从雍正皇帝开始，到清朝的灭亡，清朝有八个皇帝把养心殿作为生活起居和处理政务的地方。在这里，留下了他们各自不同的生活印记，一个小小的宫殿也经历了从盛而衰的历史变迁。

自康熙以来，到乾隆时期，清朝经历了七十多年的治理，国力强盛，农业经济发达，清王朝的封建统治达到了巅峰。乾隆皇帝开始对故宫进行大规模的改造，有两处地方的改造是和当时的政治体制联系很紧密的，其中一个就是对乾隆潜邸重华宫的改建。

雍正皇帝之前，皇太子的确立往往伴随着激烈而血腥的宫廷斗争，所以雍正皇帝便改用了秘密建储的方式，他亲笔写下两份确定皇位继承人的诏书，一份藏在乾清宫正大光明匾的背后，另一封由他随身携带。皇帝在世时秘而不宣，等皇帝死后，两相对照无误，才能对外公布，迎立新君。

乾隆皇帝作为秘密建储制上台的第一个皇帝，没有享受过一天太子的待遇，因此他要把自己的故居乾西二所地位升格，由所改为宫，不再让其他人居住，以此强调他继承皇位的正统。

重新整修后，这个三进小院的主体建筑被重新命名，分别叫作崇敬殿、重华宫和翠云馆，习惯上统称重华宫。重华宫的名字来自汉族大臣张庭玉的提议——“夫重华协帝，岂易言哉”。

重华协于帝的意义，载于《书·舜典》。重华是虞舜名，《舜典》孔颖达疏：“此舜能继尧，重其文德之光华，用此德合于帝尧，与尧俱圣明也。”唐尧、虞舜是中国古代传说中的贤明帝王，唐尧推选虞舜为继任人，舜继尧位，后人以尧天舜日比喻理想中的太平盛世，可见当初大学士拟重华宫的苦心。将乾隆帝喻为虞舜，颂扬其有舜之德，是当之无愧的皇帝，同时又赞颂了当年的太平盛世。

乾隆丁巳新正《重华宫》诗注：“重华宫旧为西二所。雍正五年，予十七岁成婚，赐居于此。至今已七十一年矣。”乾隆皇帝在位第60年时谕旨：“重华宫为朕藩邸时旧居，朕颇加修葺，增设观剧之所，以为新年宴请廷臣、赋诗联句、蒙古回部番众赐宴之地。来年归政后，朕为太上皇帝，率同嗣皇帝于此胪欢展庆，太上皇帝于正殿设座，嗣皇帝于配殿设座。”这样，皇太后都临重华宫家宴，乾隆屡有诗纪重华宫侍皇太后宴膳。

故宫改造中和政治改革密切相关的第二个重要工程是修建宁寿宫。乾隆皇帝即位不久就宣布：为了不超过在位61年的祖父康熙皇帝，他将在执政60年的时候将皇位禅让给儿子。皇位交接方式的这一改变，意味着紫禁城中将首次出现退休的皇帝。

宁寿宫，就是为乾隆皇帝退休准备的养老之所。作为太上皇的宫殿，宁寿宫的级别不亚于皇帝的居所。它也分为前朝和内廷，各种配套设施样样俱全，这里几乎就是一个微缩的紫禁城。

这一区域在明代是太皇太后、皇太后、太妃居住的仁寿殿和哕鸾殿。康熙二十八年在其旧址上建宁寿宫，让顺治的皇后孝惠章皇后居住在这里，其他太妃、太嫔也分别随居。乾隆三十七年决定把这里作为他退休后的居住之所，按照前朝后寝的规制进行大规模的重建，提高了其建筑等级。但是乾隆帝让位后，借着“归政仍训政”的名义把持大权，居住在养心殿不走，直到他去世。现在这里的建筑风格仍保持着乾隆时的原貌。

从明朝永乐年间到清朝乾隆年间，故宫历经三百多年的修建、改建和修缮，终于成就了今天展现在世人眼前的模样。而在故宫中演绎的历史，还将波澜壮阔地延续下去。

二、故宫的建筑构思、布局与标志性建筑

故宫是几百年前劳动人民智能和血汗的结晶，故宫的设计与建筑，是一个无与伦比的杰作，它的平面布局、立体效果，以及形式上的雄伟、堂皇、庄严、

和谐，使得建筑气势雄伟、豪华壮丽，成为中国古代建筑艺术的精华。它标志着中国悠久的文化传统，显示着五百多年前匠师们在建筑上的卓越成就。

（一）故宫的建筑构思

故宫是明、清两代的皇宫，中国自古的传统观念认为，中方位置最尊贵，如《吕氏春秋》曰：“择天下之中而立国，择国之中而立宫。”选择过渡的中心建宫，是最理想的位置，这正好符合《荀子·大略》所记：“王者必居天下之中，礼也。”这种思想对历代都城的设计建造影响极大。

故宫，不但注意了宫城的中心位置选择，而且还注意到了周围建筑与工程的互相配合，按照周礼“左祖右社，前朝后市”的布局设计。宫殿的南北中轴线上，午门、端门和承天门（天安门）之间的御道外侧，东建太庙，西建社稷坛。前朝是王权的象征，主要设置朝会的庭院及典礼的殿堂，故宫中轴线上的三大殿，便是皇帝登极、颁发诏书、命将出征授印及文武百官朝贺的重要场所。

从承天门往南至大明门的狭长地带即千步廊两侧，安置了行使国家权力的机构，因此从三大殿直到承天门，这一中轴线上的所有建筑物，其功能均与国家朝政有关，所以统称为前朝。故宫的后市在神武门外，明代的每月逢四开市，以别于皇宫其他各所。可以说，故宫在位置选择及周围建筑的布局上，是最符合《周礼·考工记》中关于宫城设计的皇权思想的，是历代宫城设计中的最佳之作。

故宫在设计构思上将其中轴线又作为北京城的中轴线向南北两方反向延长，以此来强调和突出宫城的显赫地位。这条中轴线南至外城永定门，北抵地安门后的钟鼓楼，全长约有 7500 米，在这条中轴线上，著名的建筑有故宫前朝的三

大殿和后寝的两宫一殿，其中又以奉天门为核心主殿，它象征着“帝王接受天命，代天统治群民”的含义。

设计者按照《周礼》中关于天子应有五门的说法设计，朝见天子时必须经过庭院和多重门的阻隔，随着层层深入而又层层紧缩的封闭空间，给人一种神秘而又严肃的气氛，使人感到帝王所住地方的神秘性。

设计者从外城永定门至宫城的午门之间，设置了多重禁门，产生了“隔则深，畅则浅”的效果，深的效果正是由于隔而有所加强。从正阳门开始层层阻隔，大明门一隔，承天门一隔，端门一隔，午门再隔，最后奉天门又是一隔，这种由空间上的重复隔断使人在心理上产生了森严与畏惧之感，这种感觉随着不断接近奉天殿而逐步加强。

此外，奉天殿前的这些建筑，充分体现了我国古代人民的智慧，组成了一个高潮迭起的艺术序列。从大明门步入宫殿的前方，悠长的御街以及御街两旁的千步廊，形成了带有极强导游性的透视线，简约而干练的处理手法尽量压低了它的气势，为雄伟的承天门作了很好的铺垫。

当靠近承天门外的金水桥，呈现在你面前的开阔的广场，让你顿时心旷神怡。外金水河桥的汉白玉栏板与河两岸的栏杆在幽红的城墙的映衬下纵横交错，在远处眺望，皇城正门宛如被袅袅的白云承托着，好似走进了仙境。再往里面前行，便是端门的前庭，在御街的两旁排列着整齐一致的朝房，平淡而严肃，它的前方则是午门。

当接近午门时，三面合围的咄咄逼人的气势迎面而来，辅之以颜色单调的红色城墙映入眼帘，使人感到莫名的紧张和压抑。进入午门后，展示在面前的是奉天门的广场，院中横贯的内金水河，向南蜿蜒成弓形卧在庭院之中。金水河上的五座石桥，白如汉玉，隔河仰望奉天门，白石须弥座承载着殿宇式的朝门，随之到来的即是故宫中级别最高的奉天殿。别样的构思设计，使得皇城的威严和肃穆得到了最充分的体现，彰显出帝

王统治伟大帝国的气概。

在故宫的建筑布局中，还运用了我国古代的阴阳五行学说。故宫旧时被称为紫禁城，“紫禁”二字是天上星宫紫微垣的借用。紫微垣乃天区之名，为天上三垣的中垣。

依照《步天歌》之说，紫微垣天区有星 15 颗，在北极为中枢，分列两侧，形成屏藩之状。在紫微垣的外围，另外两个天区还有北极、四辅、天乙、太乙、阴德、尚书、女史、柱史、御女、天柱、大理、勾陈、六甲、天皇大帝、五帝内座、华盖、传舍、内阶、天厨、八谷、谨身、北斗辅星、天枪等星官。可见，帝王用紫禁二字以求“天人合一”，主宰宇宙。

此外，“奉天”“华盖”“谨身”三词既有出处，又有创意。在中国的古代哲学思想中，“天”非指“上帝”，而是宇宙的主宰者和万物的造化者。以“奉天”命名正殿，意在奉承天命、主宰万方。“华盖”即是天区中的一个星座，圆形有柄。它在紫宫后门中，在天皇星的上方，形同华盖。以其命名一殿，显然具有皇权的象征。“谨身”出自《孝经》：“用天之道，分地之利，谨身节用，以养父母，此庶人之孝也。”这大概与殿试有关，举子们在“谨身殿”参加考试，便会终身致孝了。

后三宫的命名则有“江山永固”之意。《周易·说卦》指出：“乾，天也，故称乎父。坤，地也，故称乎母。”所以，乾清宫是内廷中皇帝的正宫，坤宁宫便成为内廷中皇宫的正宫，以象征天地。

颜色对于皇权来讲，也有至关重要的意义。自汉武帝确立“汉居土德”，黄色便成为汉朝皇权的象征，以后历朝沿袭不变，均以黄色为贵。因此故宫屋顶多用黄色，黄色属土，土居中央，代表国家。又按相生的理论，火生土，火为赤色，所以宫殿门、窗、宫墙多用红色，寓有滋生、助长之意，以示兴旺发达。

皇子所居之宫，位于东，属木，相应颜色应为绿，故均以绿琉璃瓦覆顶。神武门内东西大房，位居禁城最北，所以顶用黑琉璃瓦。

对于流经紫禁城内外的金水河，命名也以五行学说为指导，因河流是从皇城及宫中的西方流入，西方属金，金生水，所以称此河为内、外金水河。

故宫的建筑构思正是由于设计者娴熟地运用了以上各种理论和学说，才营造出这么完美的建筑，达到了出神入化的境界，无论从哪个角度去理解和分析，都有其理论依据和科学道理。

（二）故宫四门与外朝三大殿

故宫四面开门，南为午门，北为神武门，东为东华门，西为西华门。这四座城门的正楼都是采用最高等级的黄琉璃瓦，重檐庑殿式屋顶。

午门是故宫的正南门，因其正坐在京城正阳门南北中轴线上，居中向阳，位当子午，故称“午门”或“午阙”。午门城台平面呈“凹”字形，正面开三门，左右拐角处各有一掖门，因而又称“五门”。

城台之上当中是一座重檐庑殿式正楼，面阔 9 间，宽 60 余米，纵深 3 间，加前后廊共 5 间，深 25 米，连城台通高近 38 米，略低于太和殿，而高于天安门。正楼左右各有明廊 3 间，原置钟、鼓各一，左右明廊折而向南，各有 13 间通脊廊庑，俗称“雁翅楼”。廊庑两端各建角亭一座，深广五楹，重檐四脊，中安镏金紫铜宝顶。

故宫的北门玄武门，高 31 米，为明建筑，清康熙年间重修时，因避康熙帝玄烨之讳，改名“神武门”。神武门城楼上设钟鼓，每天黄昏鸣钟 108 响，然后每更打钟击鼓，至次日拂晓复鸣钟。由钦天监派员到神武门城楼上指示更点。清代皇后、妃、嫔、命妇等人去蚕坛举行亲蚕仪式等事，均出入神武门。被皇帝选中的妃、嫔等人也由此门入宫。

故宫东西两门东华门和西华门是东西相对的，但并不是处在故宫东西两面城垣的正中，而是偏南，南距故宫南垣角楼各一百多米，北距故宫北垣角楼各八百多米，这两座门属于旁门，主要是皇帝、皇太后、皇后等日常出入的门。另外，大臣及官员奏事和一般匠役通常也出入这两座门。

东华门门高 32 米，门外左右立有

高约 4 米、宽 1 米的两座石碑，上面写“下马至此”四个字，碑身两面镌刻满、蒙、汉、回、藏五种文字。每至下马碑前，文官下轿、武官下马，然后毕恭毕敬地步行入宫。

西华门门高 33 米，门的南角楼贮存阅兵所用棉甲，门的北面角楼也贮存阅兵用的棉甲和盔甲。西华门外也立有与东华门同样的石碑。宫中有庆典活动时，西华门供人们出入。

“三大殿”始建于明永乐十八年，最初命名为奉天殿、华盖殿、谨身殿，嘉靖四十一年易名为皇极殿、中极殿、建极殿，清顺治二年才改为至今沿用的太和殿、中和殿、保和殿之名。

太和殿俗称金銮殿，是明清两代北京城内最高的建筑。它高 35.05 米，加上正吻卷尾共高 37.44 米，比前门箭楼还高出 1 米多，殿面宽 11 间，进深 5 间，建筑面积达 2377 米，是我国现存古代建筑中规模最大的木结构殿宇。

大殿的屋顶为重檐庑殿式。庑殿顶，古代称“四阿屋顶”，从商周时起延至明清，这种建筑形式一直只用于最尊贵的建筑上。加上重檐则更为尊贵，除在皇宫中可用于重点建筑外，其他一切建筑绝对禁止采用。太和殿的屋顶式样不但是最尊贵的，而且屋顶装饰也是最为豪华庄重的。

在太和殿室内外的梁枋上，绘着金龙和玺彩画，这种彩画等级最高。正脊两端安有龙形正吻，它们各用十三块瓦片拼成，俗称“十三拼”。这个构件高达 3.4 米，重约 2125 公斤，是古建筑中的装饰之王。

殿正面当中七间，全部安装大隔扇，仅用于隔窗，窗下用彩色龟背锦琉璃砖铁贴面的栏墙，雕龙群板、镏金面页，在朱漆油饰的衬托中，形成庄严华贵的气势。

太和殿内正中偏后的位置，在高起的须弥座式木基座上，有金漆龙椅，那是皇帝的御座，座前有香几、香炉等陈设，座后有金漆屏风。左右分列着六根巨大的蟠龙金柱，顶上正中向上凸起一个如伞盖的蟠龙藻井，神龙向下俯视，口含巨珠，庄重而生动，捍卫着御座。

太和殿外是宽广的月台，正面石阶三出，分别陈设着 18 个镏金铜鼎，台上

东西分别摆放着铜龟、铜鹤，以此来象征着龟龄鹤寿、江山永固。前左角有日晷，右角有嘉量。日晷是利用照射的方向，通过指针投影于晷面得子丑寅卯等刻度，求得时间。嘉量上下有斛、斗、升、合等几种度量。

太和殿后，“干”字形台基的中腰处的一座单檐正方形殿宇是中和殿。殿深、广各五间，攒尖式屋顶，正中镏金宝顶宛如一颗巨大的宝珠，在阳光的照耀下熠熠生辉。

整个大殿的外廊由 20 根朱漆大柱支撑，排列整齐，气势雄伟，给中和殿添加了一种庄严之美。殿内正中设有宝座，每当大典时，皇帝先后在这里升座，接受内阁、礼部、都察院、翰林院官员行礼，受礼后再到太和殿受贺。

保和殿是三殿中最后一个殿宇，在建筑等级方面仅次于太和殿，为重檐歇山式屋顶，这种建筑形式古代称为“九脊殿”。殿宽 9 间，深 5 间，台基长 49.68 米，宽 24.97 米，它在建筑设计上采用了宋代流传下来的手法，把殿内前面的金柱减为 6 根，结构巧妙，用材灵活。

最令人赞赏的是，殿后檐采用单步梁，梁架上前后不对称，童柱不等高，结构不相同，但是屋顶前后两坡却毫无分差。保和殿是清代进士殿试的地方，也是元旦及其他节日封建皇帝赐宴外藩的地方。

此外，作为三大殿的补充，在它的周围有一些附属建筑，前后左右地安排，共同构成了三大殿的环境。三大殿前有一些重要门阙，铺砌了漫长的御道，太和殿前有巨大的广场，其东西对峙着体仁、弘义二阁，好似太和殿的左右护卫。

三、内廷后三宫与故宫中的稀世藏品

故宫北半部为内廷，以乾清宫、交泰殿、坤宁宫后三宫及东西六宫和御花园为中心，东西两侧还有皇极殿、养心殿、慈宁宫等，是皇帝、后妃、皇子与公主居住、举行祭祀和宗教活动以及处理日常政务的地方。

（一）内廷后三宫

乾清宫是内廷宫殿等级最高的建筑。乾清宫之后是交泰殿，殿为四角攒尖顶方形殿宇。再其后是坤宁宫，宫为重檐庑殿顶，饰以龙凤和玺彩画。室内沿山墙有通连大炕，炕沿上有矢弓。

乾清宫，内廷后三宫之一。始建于明代永乐十八年，明清两代曾数次因被焚毁而重建，现有建筑为清代嘉庆三年所建。明代的十四个皇帝和清代的顺治、康熙两个皇帝，都以乾清宫为寝宫。

他们在这里居住并处理日常政务。皇帝读书学习、批阅奏章、召见官员、接见外国使节以及举行内廷典礼和家宴，也都在这里进行。

乾清宫为黄琉璃瓦重檐庑殿顶，坐落在单层汉白玉石台基之上，连廊面阔9间，进深5间，建筑面积1400平方米，自台面至正脊高20余米，檐角置脊兽9个，檐下上层单翘双昂七踩斗拱，下层单翘单昂五踩斗拱，饰金龙和玺彩画，三交六菱花隔扇门窗。殿内明间、东西次间相通，明间前檐减去金柱，梁架结构为减柱造形式，以扩大室内空间。

后檐两金柱间设屏，屏前设宝座，宝座上方悬“正大光明”匾。东西两梢间为暖阁，后檐设仙楼，两尽间为穿堂，可通交泰殿、坤宁宫。殿内铺墁金砖。殿前宽敞的月台上，左右分别有铜龟、铜鹤、日晷、嘉量，前设镏金香炉四座，正中出丹陛，接高台甬路与乾清门相连。

乾清宫建筑规模为内廷之首，作为明代皇帝的寝宫，自永乐皇帝朱棣至崇祯皇帝朱由检，共有14位皇帝曾在此居住。由于宫殿高大，空间过敞，皇帝在

此居住时曾分隔成数室。据记载，明代乾清宫有暖阁 9 间，分上下两层，共置床 27 张，后妃们得以进御。

由于室多床多，皇帝每晚就寝之处很少有人知道，以防不测。皇帝虽然居住在迷楼式的宫殿内，且防范森严，但仍不能高枕无忧。据记载，嘉靖年间发生“壬寅宫变”后，世宗移居西苑，不敢回乾清宫居住。万历帝的郑贵妃为争皇太后闹出的“红丸案”、泰昌妃李选侍争做皇后而移居仁寿殿的“移宫案”，都发生在乾清宫。

清代康熙以前，这里沿袭明制，自雍正皇帝移住养心殿以后，这里即作为皇帝召见廷臣、批阅奏章、处理日常政务、接见外藩属国陪臣和岁时受贺、举行宴筵的重要场所。一些日常办事机构，包括皇子读书的上书房，也都迁入乾清宫周围的庑房，乾清宫的使用功能大大加强。

乾清宫内正间中央有一块方形平台，设有金漆雕龙宝座和屏风。金漆雕龙屏风上有康熙帝辑录的《尚书》《诗经》《周易》的名句：“惟天聪命，惟圣时宪，惟臣钦若，惟民从义。”这些名句概括了封建统治的全部权术。

宝座前红柱上面有对联：“表正万邦，慎厥身修思永；弘敷五典，无轻民事惟艰。”此联是康熙帝集《尚书》句所题，乾隆帝临摹的。

雍正元年曾下诏，密建皇储的建储匣存放乾清宫“正大光明”匾后。康熙、乾隆两朝这里也曾举行过千叟宴。现为宫廷生活原状陈列。

在清代，乾清宫还是皇帝死后停放灵柩的地方，不论皇帝死在什么地方，都要先把他的灵柩（叫梓宫）运到乾清宫停放几天。顺治皇帝死在养心殿，康熙皇帝死在畅春园，雍正皇帝死在圆明园，咸丰皇帝死在避暑山庄，都曾把他们的灵柩运回乾清宫，按照规定的仪式祭奠以后，再停到景山寿皇殿等处，最后选定日期正式出殡，葬入河北省遵化县的清东陵或易县的清西陵。

交泰殿位于乾清宫与坤宁宫之间。乾隆十三年（1748 年），乾隆皇帝把象征皇权的二十五玺收存于此，遂成为储印场所。同时，这里又是清代皇后举礼受贺的地方，皇后的册、宝也存放此处。皇帝统驭天下，而皇后主内。交泰之名即寓乾坤相交、天地合会、国家上下风化相通、长治久安之意。

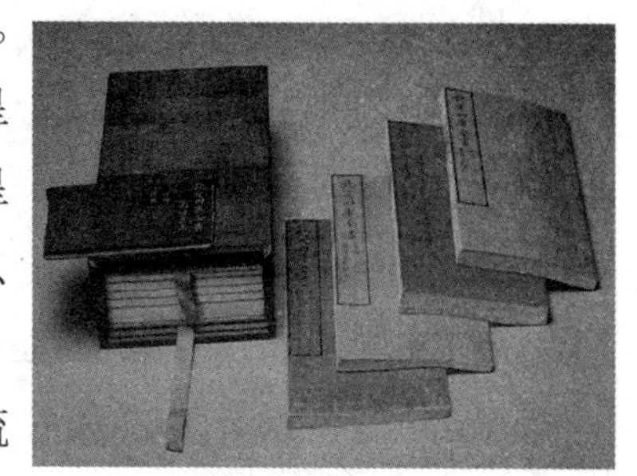

殿平面呈方形，面阔进深均为三间，黄琉

璃瓦四角攒尖镏金宝顶，小于中和殿。殿中设有宝座，宝座后有四扇屏风，上有乾隆御笔《交泰殿铭》。殿顶内正中为八藻井。清代封皇后，授皇后“册”“宝”的仪式都在这里举行。

每年元旦、冬至、千秋（皇后生日）三大节日，皇后要在交泰殿举行典礼，接受皇贵妃、贵妃、妃、嫔、公主、福晋（亲王、郡王的妻子）等的朝贺。清顺治鉴于明代宦官专权的教训，规定太监不得干预朝政，同时把御旨铸成铁牌竖于殿中。

殿内存放二十五宝：二十五宝是皇帝行使权力的印章，乾隆十三年（1748年），皇帝将代表皇权的二十五宝存放在交泰殿。这些玉玺由内阁掌握，由宫殿监的监正管理，用时须请示皇帝，经许可后方可使用。

存放在这里的每方宝玺各有不同的用途：“皇帝之宝”用于颁发诏书、录取进士时公布皇榜；“制法之宝”和“命德之宝”用于谕旨臣僚和奖励官吏；“制驭六师之宝”用于军事。宝玺置于宝盒内，上面覆盖着黄绫。现在，宝盒仍按原来的位置陈设在交泰殿。

铜壶滴漏：也可称为漏壶，是中国古代的计时器。早在三千年前，中国人就发明了用水滴漏的计时方法。陈列在交泰殿的铜壶滴漏，是乾隆十年（1745年）制造的。

大自鸣钟：交泰殿内陈列的大自鸣钟，是嘉庆三年（1798年）由清宫造办处制造的。其外壳是仿中国式楼阁型的木柜，通高5.8米，共分上中下三层。钟楼背面有一小阶梯，登上阶梯，可以给自鸣钟上弦。自鸣钟走动后，可按时自动打点报刻。现在，这座自鸣钟已经历过二百多个年头，却仍能正常准确地走动，打点报刻时，声音清脆宏亮。由此可见它的制造工艺非常精良。

坤宁宫的“坤宁”来源于《周易》：“坤，地也，故称乎母。”《老子》：“地得以宁。”坤宁与乾清象征着天清地宁统治长久。坤宁宫是明清两朝皇后的中宫。

坤宁宫地阔9间，室内为7间，最西是西暖阁，这是一间有窗无门的房间，供贮佛亭用，中间4间是祭神吃肉的场所，东间两间称作东暖阁，是皇帝大婚时的洞房，现在仍然保留着光绪帝大婚时的样子。

洞房四周墙壁皆是红色，地上原有龙凤双喜花纹的五彩地衣，洞房顶上高吊着双喜字大宫灯，使房内红光辉映，喜气满堂。室内南面窗前通连大炕上也铺有与喜床同一风格的大红缎绣双喜字大坐褥两条，炕上中间紫檀木桌上有蜜珀制作的凤凰。

清朝按照满族遗风，在坤宁宫西间每天祭神吃肉，其礼俗源自金。坤宁宫之祭有日祭、月祭、祭天、报祭、求福祭、四季求福祭，以及在每年仲春、秋朔、元旦次日三次大祭，十二月二十三日神祭。

皇帝皇后为了保佑皇家婴儿平安，每年还要在坤宁宫举行柳树枝求福之祭。除了斋日和禁止屠宰日以外，每日祭神。祭神最重要的祀典是仲春、秋朔及元旦次日的三大祭，届时，皇帝、皇后、皇太后要亲自祭祀坤宁宫庭院东南的天神杆，钦派内外藩王、贝勒、贝子、六部正卿陪祭。

坤宁宫明间沿着墙南、西、北之间有环形大炕，西大炕供朝祭神位，北炕供夕祭神位。西墙上悬挂有高丽布袋，俗称子孙袋，袋内装有男女幼婴更换下来的旧锁。

坤宁宫每祭必有猪、献糕、贡酒。例如春秋大祭，每祭用猪 39 头。朝祭肉不得出宫门，故每日皆散给大臣及侍卫等分食，每日五更天乾清门太监就喊叫："诸大人吃肉！"当时称为"叫肉"。

听到"叫肉"声，乾清门侍卫等，皆至坤宁宫，从南窗下，每人拿一块白心红边的垫子，放在宫灯前，向西一叩首，然后坐下。有太监拿出一盘大块祭肉，盐一碟，于是用刀割肉吃，吃完把盘子一举，有太监接过去。每日吃肉由散秩大臣等领班。

（二）故宫中的稀世珍品

在将近 600 年的历史岁月中，就在故宫的宫殿里，书画传递着华夏文化的审美价值和观念，而瓷器制品，有火的刚烈、水的优雅和土的敦厚。今天，这些珍贵的文化遗产已然深入我们这个民族的内心世界，它们经历了多少次战火、水患和人祸，仍然奇迹般地保全了下来，证明着一个古老民族文明的

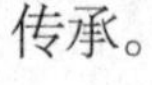

传承。

在中国历代皇宫都有收藏珍贵文物的传统，明清两代的收藏更是达到了顶峰。1925 年，我国在明清两代皇宫收藏的基础上建立了故宫博物院，现故宫博物院有近百万件藏品，可谓金珠翠玉，奇珍异宝，天下财富，尽聚于此。

故宫馆藏类别主要是古籍善本、陶瓷、绘画、书法、青铜器、玺印、织绣、文房四宝、钟表、玉器等。其中书法和绘画将近 10 余万件，金属器 3 万多件，陶瓷 35 万件，玉器、玻璃器、珐琅等 15 万件。故宫内除了原状陈列的各个重要宫殿外，还在原有的宫殿中设立了专门的陈列馆，供游人欣赏。

故宫珍宝馆里，有两组珍宝十分引人瞩目。一组是碧绿晶莹、雕琢精细的青玉特磬，一组是璀璨熠耀、造型优美的金编钟。

磬与钟均是我国古代的乐器，前者始于商代（一说始于殷代），后者始于西周中期。用于单一击奏的，称为“特磬”“特钟”；十几个大小依次成组的，称为“编磬”“编钟”。珍宝馆陈列的十二枚特磬，前后皆有用金粉描绘的飞龙戏珠纹饰和框金篆字款识，是清乾隆二十六年（1761 年）前后，苏州玉工奉旨用上等和滇青玉琢成的。

据史料记载，当时共雕琢玉磬 161 块，用工九万二千多个。展出的十二枚特磬，按照农历正月至十二月的顺序。依次为太簇、夹钟、姑洗、仲吕、蕤宾、林钟、夷则、南吕、无射、应钟、黄钟、大吕十二律。因其大小厚薄有异，故敲击时可发出准确的高低声，按时按月悬挂一枚于磬架，以作定音之用。

珍宝馆中的编钟，共 16 只，全部用黄金铸成。历来封建统治者都是用铜铸钟。乾隆五十五年（1790 年），各省总督为给弘历皇帝 80 岁生日祝寿而用聚敛来的黄金铸造了这 16 只金钟，一则用来邀宠，二则用以炫耀盛世豪富。

金编钟造型很像粗矮的腰鼓，正面分别开光阳刻太簇、夹钟……倍夷则、倍南吕、倍无射、倍应钟 16 个音律的名称。背面皆镌刻着“乾隆五十五年制”的款识。通体阳刻两只威武矫健、栩栩如生的飞龙，脚踏滔滔大海，头顶朵朵浮云，互相追逐，戏耍火珠。

上边有两只躬身蟠龙作组，下边雕刻角云和八个平头音乳。其中最重的倍无射，达 34400 克；最轻的倍应钟，也有 19865.625 克。整套编钟共用黄金四百

八十多公斤，按当时的粮价折算，可折合大米一千万公斤，等于五万农民全年的口粮。

编磬和编钟是中和韶乐曲的组成部分。清代，遇宫廷祭祀、朝会、飨宴等大典时，置金钟于太和殿檐下，置玉磬于太和殿的西檐下，与琴、瑟、箫等协作演奏乐章。届时以钟发声，以磬收韵，金声玉振，清越以长，非常悦耳动听。

绘画馆位于皇极殿西庑房，典藏历代绘画作品，其中有近千件属于国家一级文物。

这里几乎囊括了中国绘画史上所有的名家名品。有不少为稀世珍品，如晋代陆机《平复帖》、王洵《伯远帖》、顾恺之《洛神赋图卷》、隋代展子虔《游春图卷》、唐代韩滉《五牛图卷》、杜牧《张好好诗卷》、张择端的《清明上河图》等，除了绘画珍品外，还收藏着颜真卿、柳公权、欧阳询、苏轼、蔡襄等大书法家的真迹。

在故宫中收藏有我国现存最早的书法珍藏，即王洵的《伯远帖》与王献之的《中秋帖》。两贴历经了几个世纪的重重劫难，终于回到祖国，其中的曲折经历可以说是一部传奇。

这两贴在北宋时已藏于内府，上有宋徽宗的题签与收藏印，在当时就已经身价不凡，后来经过战乱，这两帖流落到了民间，成为董其昌等人的私藏。乾隆时期，两贴被网罗到宫中，经过重新装帧、题字后与王羲之的《快雪时晴贴》一并珍藏于养心殿西暖阁书斋，并赐名“三希堂”。

1924 年溥仪出宫时，将《伯远帖》和《中秋帖》带到宫外，两贴最终流落到了香港，被人典当给一家外国银行。到 1951 年典当限期即将期满之前，为了避免两贴被拍卖，周总理特别指示，不惜代价让国宝回归祖国。为此，文化部派专人到港，以重金将两贴赎回，藏于故宫之中。

陶瓷馆在永和宫与承乾宫后殿，珍藏陶瓷器约有 34 万件，反映了 8000 年来中国陶瓷生产绵延不断的历史。在馆内藏有宋代五大名瓷和明清官窑瓷器。无论在质量上还是数量上，在世界上都首屈一指。

其中许多藏品是闻名于世的精品，如唐代的邢窑白釉葵花碗，宋代的汝窑三足樽、哥窑鱼耳炉、宫窑弦纹瓶、钧窑月白釉出戟樽、龙泉窑青釉凤耳瓶，元代蓝釉

白龙纹盘，明代永乐青花压手杯、宣德青花梵文出戟盖罐，清代康熙紫红地珐琅彩缠枝莲纹瓶、雍正珐琅彩雉鸡牡丹纹碗、乾隆各色釉彩大瓶等。

此外，在故宫中还有珍贵的皇室象牙席。象牙席的编织制作历史悠久，据古文献记载，象牙劈丝织席技术最早出现于汉代。清代皇宫中的象牙雕刻与牙丝编织工艺，大多来自于广州，由朝臣官员贡入，另外也有一些官员向当地土司购买，容纳后进献皇宫内廷。

在北京故宫珍藏的象牙制品中，有两张纹质细腻、色泽洁白、伸缩柔软、编织精巧的象牙席。其中一张象牙席长 2.16 米、宽 1.39 米；另一张长 2.10 米，宽 1.32 米；反面包裹着枣红色绫缎，席的四周沿包裹蓝色缎边。

象牙席的编织过程非常复杂，须先从脆硬的象牙上劈下厚薄均匀的如竹篾薄片，宽不足 0.3 厘米，然后将其薄片窄条精工打磨，直至牙片呈现洁白的光泽为止，再按“人”字形花纹进行编织。这样编织出来的象牙席，纹理细密，表面光滑，夏天铺垫时比草席、竹席更为凉爽，不愧是清朝宫中十分珍贵的工艺品和生活用品。

在故宫中还珍藏着外国钟表百余件，有英国、法国、德国、瑞士、日本等国制造的钟表，其中英国钟表在数量上居于首位。在当年清宫收藏的伦敦钟表之中，以考克斯的作品为最多。

考克斯的作品大概有二十多件，他不仅制造钟表的技术高明，而且熟悉东方艺术，擅长以鹿、梅花灯设计具有中国风格的座钟，有的镶嵌珍珠、宝石，有的镶嵌各色玻璃料石、红绿假宝石花纹；还有的饰以镀金和珐琅绘彩，风格华丽。

清宫内 18、19 世纪钟表数以千计。当时每一种钟生产数量极少，有的只生产一两件，加之材美工巧，使这些钟表成为艺术性计时器。而宫廷对钟表的需求量极大，凡生活起居之宫殿，到处都安置有大小样式各异的钟表，清代皇帝是伴随着钟表的滴答声起居生活和处理政务的。

故宫的钟表馆陈列着绚丽多彩、金光闪烁、琳琅满目的清朝时期各式钟表二百余件，它们以其设计新颖、结构先进、机械复杂，吸引着成千上万的中外游客。

四、故宫中的宗教仪式

宫廷历来是宫闱禁地，宫廷生活对老百姓来说总是充满神秘的。宫廷中的宗教活动，就更鲜为人知、神秘莫测了。明清两代宫廷中种种宗教活动频繁，在庄严肃穆的朝堂后面，还有一个多种宗教文化形态的神佛世界，对这些神秘仪式的解读，可以让我们了解明清时代人们的宗教世界以及当时统治者的精神欲求。

（一）道教仪式的举行

明代，道教在宫中盛极一时，尤其以明世宗嘉靖帝为代表。现存宫中的两大道场——钦安殿和玄穹宝殿就是明代的旧址。到了清朝时期，道教在宫中的地位衰落，但是作为中国土生土长的宗教形式，道教历史悠久，影响仍然很大，因而宫中的道场活动也就维持到了清朝末期。

钦安殿位于御花园正中、南北中轴线上，始建于明代永乐时期，当时并不做道场使用。明代是真武大帝声势显赫、民间信仰最为普遍的时期。明朝初期，朱元璋的儿子燕王朱棣发动“靖难之变”，夺取了皇位。传说在燕王的整个行动中，真武大帝都曾显灵相助，因此朱棣登基后，即下诏特封真武为“北极镇天真武玄天上帝”，并大规模地修建武当山的宫观庙堂，建成八宫二观、三十六庵堂、七十二岩庙、三十九桥、十二亭的庞大道教建筑群，使武当山成为举世闻名的道教圣地，并在天柱峰顶修建“金殿”，奉祀真武大帝神像。

因帝王的大力提倡，真武大帝的信仰在明代达到了鼎盛阶段。明嘉靖十四年（1535 年）添建墙垣后自成格局，从此钦安殿便作为道场使用，用来供奉玄天大帝。清乾隆年间曾在前檐接盖抱厦三间，

后拆除。

钦安殿的南门为天一门，殿的重檐上设有金宝顶，形状奇特，别出心裁，台基石栏及御道的雕刻非常精美，显示出明代建筑工艺的非凡成就。在钦安殿的四周围绕着平矮的围墙，独立成院，在院内种有青竹古柏，环境优雅。

每年的立春、立夏、立秋、立冬日，负责祭拜工作的大臣官员便在这里摆好供案，奉春、夏、秋、冬四神牌，恭候皇帝前来烧香行礼。每年的年节和八月初六到十八日，是“天祭”，这里就设下道场，道官率领众道士做法事。

在明朝时期，无论职位高低，上自皇帝下至太监宫女，都可以在这里做法事。到了清朝，这项制度变得严格起来，康熙帝则下令这里专门由皇帝、皇后使用，太监和宫女不能以任何名目擅自做主在这里做法事。

钦安殿内的中央位置供奉着三尊玄天大帝的巨型铜像。玄天即北方之神玄武，北方七宿，其形如龟蛇，龟蛇即玄武。宋时避讳改玄为真，称真武帝。道教经书中描绘真武的形象是披发黑衣，金甲玉带，仗剑怒目，足踏龟蛇，顶罩圆光，形象十分威猛。

据《元始天尊说北方真武妙经》记载，真武帝君原来是净乐国太子，生而神灵，察微知运。长大成人后十分勇猛，唯务修行，发誓要除尽天下妖魔，不愿继承王位。后遇紫虚元君，授以无上秘道，遂越游东海，又遇天神授以宝剑，入武当（太和山）修炼。居四十二年功成圆满，白日飞升，玉帝下令敕镇北方，统摄玄武之位，并将太和山易名为武当山，意思是“非玄武不足以当（挡）之”。

玄天大帝又为主持兵事的剑仙之主，地位仅次于剑仙之祖广成剑仙。真武兴盛于宋代，至元代又被晋升为元圣仁威玄天上帝，明成祖时地位更加显赫。有关玄武的传说中，又皆称龟蛇乃六天魔王以坎离二气所化，然被真武神力蹑于足下，成为其部将，后世称之为龟蛇二将。

玄天上帝与广成剑仙、纯阳真人合称道教密宗三大剑仙。玄天上帝每每斩妖除魔都御剑出行，就因为御剑天遁比腾云驾雾来得快。在阴阳五行中，北方属水，黑色叫作玄，身披铠甲，作武士打扮，故叫作武。

玄天大帝主水，所以在以木结构为主，极易失火的宫廷中成为建筑的守护神，不仅如此，由于水能生木，所以又成为四季变化的主宰神，在清宫里地位极高。这三尊正中的一尊神是明代铸造的，其他两尊是清代的作品。钦安殿内的东西两旁设有钟、鼓，后墙有道教的壁画，均为玄天大帝扈从的形象，这也是清朝宫廷里唯一的一幅道教壁画。

天穹宝殿位于北京紫禁城内廷东路、东小长街北段钦昊门内，东临东筒子路，西临景阳宫。始建于明代，初名玄穹宝殿。清顺治朝改建，后避康熙皇帝讳更名为天穹宝殿。天穹宝殿大殿有五间，东西配殿各三间，是三合院式的庭院。正殿内供奉昊天大帝。

昊天大帝俗称玉皇大帝，道教称天界最高主宰之神为玉皇大帝，犹如人间的皇帝，上掌三十六天，下握七十二地，掌管一切神、佛、仙、圣和人间、地府之事。亦称为天公、天公祖、玉帝、玉天大帝、玉皇、玉皇上帝。

据《玉皇本行集》记载：光明妙乐国王子舍弃王位，在晋明香严山中学道修真，辅国救民，度化众生，历亿万劫，终为玉帝。虽然玉皇大帝的地位很高，但受的香火却不多，这大概是由于其缺乏实用性的缘故，所以在人们心目中的地位反不如玄天皇帝高。

在玄穹宝殿内，除了昊天大帝的雕像外，还有吕祖、太乙天尊等诸神的画像，在大高玄殿、钦安殿和玄穹宝殿内，贮藏着全套的道经。每逢年节，在这里都要设道场、做法事。

道场的内容包括天腊道场、圣诞道场、万寿平安道场。天腊道场：据说腊月二十五日是玉皇大帝的出游日，他下到凡间进行巡视，考察人间的善恶祸福，这天就要举办道场，以此来迎接玉皇大帝的光临。圣诞道场：正月初九为玉皇圣诞，俗称玉皇会，传言天上地下的各路神仙，在这一天都要隆重庆贺，玉皇在其诞辰日的下午返回天宫。是时道教宫观内均要举行隆重的庆贺科仪。这天要进行祝寿仪式，诵经致礼。万寿平安道场：是皇帝万寿节那天举办的道场。一般天腊道场是请外面的道士承办，其余的则由皇宫内的道士来承办。

天穹宝殿不设有首领太监，由景阳殿的首领太监监管，太监有八名，专门负责烧香、打扫、值班等事宜。

自明代开始，宫中道场的太监道官和道

士都由宫外的大高玄殿来统一培养，包括诵经、做法事等内容，法师主要来自白云观。遇到重要的道场法事，也多请白云观的道士进宫来主持。

（二）清代的萨满教

满族在游牧时期崇拜以万物有灵为核心的萨满教，祭祀的对象包括和他们生活密切相关的各种神灵。到清朝定都盛京时，皇宫内便设有专门做萨满祭祀的堂子，但是祭祀的内容却发生了变化，主要是祭祀佛、菩萨、关公等神，从中我们也可以看出汉文化对满族的影响。清军入关之后，顺治元年就在长安左门外的玉河桥东建立了堂子，作为皇帝与文武大臣祭祀的正式场所。

堂子，是满族于关外时祭天祭神之场所。初，庶民百姓亦设有堂子。崇德元年（1636年）皇太极下令民间禁设，堂子成为清代宫廷专有的祭天祭神之地。据《大清会典事例·堂子规制》载："顺治元年（1644年），建堂子于长安左门外，玉河桥东。"

昭梿《啸亭杂录》载："国家起自辽沈，有设杆祭天之礼，又总祀社稷诸神祇于静堂，名曰'堂子'……既定鼎中原，建堂子于长安左门外，建祭神殿于正中，即汇祀诸神祇者，南向前为拜天圆殿，殿南正中设大内致祭立杆石座次。次稍后左右分设石座各六行……"

吴振棫《养吉斋从录》载："顺治元年，建堂子于长安左门外，玉河桥东。元旦必先致祭于此，其祭为国朝循用旧制，历代祀典所无。又康熙年间，定祭堂子，汉官不随往，故汉官无知者。询之满洲官，亦不能言其详，惟会典诸书所载。"

在清代，坤宁宫是皇帝私人的萨满神殿，堂子是所有满族贵族的祭祀教堂，康熙帝明确规定汉族大臣可以不参加堂子的祭祀仪式，满族的王公大臣不仅自家可以设立堂子，还可以定期来皇宫参加这里的祭祀典礼。

祭祀的内容主要是在堂子的亭式殿、尚锡亭内挂上纸钱，春季和秋季在堂

子内立杆大祭；四月初八也有祭祀和堂子的祭马活动。祭祀活动中供奉的食物也有所不同：春秋立杆大祭供着打糕搓条饽饽，其他祭祀中正月供馓子，五月供椴叶饽饽，六月供苏叶饽饽，七月供浆糕，八月供蒸饭饺子，其余月份用酒糕供献。

堂子祭祀的内容很多，仪式程序复杂，但是它们有很多相似之处。内容最为完备的是立杆大祭。立杆大祭供奉佛、菩萨、关公以及武笃贝子，是满族最古老的祭祀活动之一。

祭祀前一个月，宫中便派人去延庆县砍一棵长 2 丈，直径有 5 寸的松树，留下树梢的枝叶 9 束，其余的砍下，做成神杆，神杆用黄布包好送到堂子里存放。

祭祀的前一天，在亭式殿中央的石头上把神杆立起来，在飨殿中间挂起神幔，北炕西边设供诸神的佛亭，摆放好各种供桌供器。在进堂子门内的甬道上，用凉席铺路，旁边两侧摆下 32 座红灯。

祭祀的当天，由身穿金黄缎衣的八名太监抬着黄缎神轿经由内左门、龙光门、景和门来到坤宁宫外，坤宁宫的两名太监将菩萨像、关公像和释迦牟尼像分别安放在神轿内，由八名太监抬到乾清门外。等候在这里的太监、侍卫等将祭祀用的供品、供酒一起抬走，随行来到堂子。

众人进门，穿过甬道，来至飨殿，将佛像供于西边的佛亭中，菩萨和关公画像挂在北墙之上。从北墙中间挂环上拉出一根绳，系在屋外的神杆上，绳子上面挂着黄色、绿色、白色纸钱各九张，另由亭式殿内拉出一根绳与神杆相系，绳子上挂着黄色的神幡。

飨殿内供奉着打糕搓条饽饽九盘、清酒三盏。亭式殿内供奉着打糕搓条饽饽三盘、清酒一盏。手拿三弦琵琶的太监两人在飨殿外丹陛西面站着，击板的二十名侍卫在丹陛两旁对坐。

祭祀仪式开始时，主祭官两人进入飨殿，两名主香官举起两盏清酒给主祭官。当主祭官接过清酒叩头之后，便将酒倒入两边的瓷缸之中，再盛新

酒倒入盏中，这样要反复九次。每次献酒后，拍板和琵琶一起奏起，唱礼赞的歌曲，气氛十分热烈。

飨殿祭祀过了之后，一位主祭官来到亭式殿内，另一位飨殿主香官手拿神刀，来到亭式殿中，两人手拿神刀，一起叩头，起身唱礼赞的歌曲，这样的动作也要重复三次，仪式才算结束。他们再一同回到飨殿之中祷告三次，然后将佛、菩萨、关公一起依照来坤宁宫的仪式请回坤宁宫安供。

如果皇帝也来参加，便在飨殿与亭式殿内设被褥，武备院设坐褥于飨殿外西边。皇帝来了以后面东而坐，丹陛两旁除了主祭官以及奏乐的太监外，依次列王公大臣、贝勒等，丹陛下站贝子等人。仪式开始时，主祭官祷告三次后，皇帝进入飨殿内行礼、亭式殿内行礼，然后回坐，主膳官手捧小桌，上面罗列着各种供品献至飨殿的神前，这个仪式就彻底结束。皇帝回宫后，将所供的点心和酒赏赐给扈从的侍卫、官员和参加祭祀的人员。

堂子祭礼是征服者精英集团的国家级祭礼，参加者都是满洲的贵族、八旗官员和满族高级文臣武将。在堂子里的祭祀仪式也可视为爱新觉罗氏的祭祀仪式，皇帝、皇子和皇族贵公的神杆就体现了这方面的意义。在春季和秋季的祭祀大典期间，当皇帝行过祭礼后，王公也立起自己的神杆举行典礼。这种做法和其他部落（他们的神杆都被主要家族垄断）的做法不同。

五、故宫中的礼仪制度与习俗

故宫，作为明清两代的统治中心，承载着国运的兴衰。当时全国的政令由此发出，通过分布在全国各地的官僚网络体系，实现了对广袤而富饶的国土的治理，同时皇帝与大臣又根据反馈而来的意见制定新的决策。在这庄严、肃穆的皇宫中，宫规与礼仪制度的存在，使得统治者对其天子的身份更加确定无疑，加强了对全国的管理，然而在统治者的背后，又隐藏着许多宫廷的秘密。

（一）故宫中的隆重典礼

清朝，宫廷典礼繁多，其中最为隆重的典礼是皇帝登极和朝会。

登极典礼标志着皇权的移交，预示着新君主政治生涯的开始，历代的皇帝对登极大典都很重视。

登极大典前，先由钦天监官员选择良辰吉日，告知各地相关机构进行准备。典礼前一日，皇帝亲自或派遣官员祭告天、地、太庙、社稷。典礼的当日，天刚拂晓，步军统领率领所属军队，进入指定区域进行严格防守。

内阁官员和礼部鸿胪寺官员进入太和殿，将玉玺所在的宝案摆于殿内御用宝座的南面正中央，将文武百官所呈交的贺表表案摆于殿内东间的南面，将皇帝诏书所放的诏案置于殿内东间之北，将放置笔墨砚台的砚案摆于殿内西间，另设一黄案放于丹陛上正中央。

此刻，銮仪卫率官员在太和殿两侧陈列法架仪仗，在太和门外两侧设置玉辇、金辇，午门外则有玉辂、金辂、象辂、木辂、革辂五辂以及宝象，天安门外列朝象。此外，在午门外还放有抬诏书的龙亭和抬香炉用的香亭。

太和殿檐下则设有中和韶乐和丹陛大乐。接下来，司管礼仪的官员将表文、诏书、笔砚放在表案、诏案和砚案上。大学士率领内阁学士到乾清宫取出皇帝的玉

玺，由内阁学士毕恭毕敬地捧着，大学士随行，将玉玺送到太和殿御座南面正中的玉案上。文武百官身穿朝服，在太和殿前两侧按照品级站在品级山后，等待皇帝驾临。

万事准备妥当后，礼部堂官奏请身穿白色孝服的皇帝在乾清宫内先帝的灵前受命，行三跪九叩大礼，然后到殿侧更换皇帝礼服，再到皇太后后宫行三跪九叩大礼。

皇帝由乾清门出来，来到中和殿，一路上礼部堂官在旁边导引，内大臣十员以及豹尾班、执枪侍卫随行。到了中和殿，升座，皇帝受官员的三跪九叩大礼，礼毕，官员们退至外朝就位，礼部尚书跪请皇帝即位。于是皇帝到太和殿升宝座，即皇帝位。

皇帝即位后，午门钟鼓鸣响，丹墀阶下鸣鼓静鞭。然后，在鸣赞官的带领下，丹墀上的王、公及丹墀内的文武百官行三跪九叩大礼。礼毕，大学士从太和殿的左门进入，从诏案上捧着诏书，放在玉案上，由内阁学士用玉玺在诏书上盖印，再将诏书捧出，交至礼部司官，由礼部司官捧着，在黄盖的导引下，出了太和门，经过午门、端门，来到天安门昭告天下。此时，丹墀下再次鸣鼓静鞭，皇帝离开宝座，来到乾清宫，在殿侧换回孝服居丧，登极大典结束。

清代的登极大典冗长、繁杂，许多年老多病的大臣都有不堪重负之感，而在清末登极的皇帝均为孩童，如同治、光绪、宣统，他们登极时年龄在三四岁之间，在登极典礼上也难免闹出笑话。

宣统帝的登级大典于光绪三十四年十一月在太和殿举行。当时 3 岁的溥仪被人抱上太和殿威武的宝座后，年幼的他不知道发生了什么事，哭闹不停，吵着要回家。这时，他的父亲摄政王载沣，急得满头大汗，不知所措，劝着溥仪说：“别哭，别哭，快完了，快完了。”典礼结束以后，大臣们议论纷纷，认为载沣的话是不祥之兆。不出所料，三年之后，清王朝便在辛亥革命的浪潮中宣告灭亡，这也是对繁复异常的登极大典的一种绝妙讽刺。

同样，朝会也体现出宫中礼仪制度的复杂和冗长。每当有皇帝即位、大婚、册封皇后或每年元旦等节日，皇帝便会在太和殿中接受文武百官和外国使臣的祝贺，这就是皇帝的朝会。

每次朝会的清晨，銮仪使率官校早早地把朝会所需要的各种陈设摆放整齐：在午门外是绚丽华美的金、玉、象、木、革五辂和驮着宝瓶的大象，太和殿门外是皇帝乘坐的步辇，太和门内东西檐下是由云锣、手鼓、大鼓等乐器组成的丹陛大乐。

太和殿前是由五百多件金银器、木制的武器和伞、盖、旗等组成的仪仗执事，太和殿东西檐下是由编钟、琴、笙等乐器组成的中和韶乐，太和殿露台上有九对宝鼎和两对铜龟，铜鹤内香烟缭绕，芳香沁鼻。礼部的工作是负责把全国各省的官员呈上的贺表置于午门外的龙亭内，太和殿内东边的案桌上则陈放着各王公大臣的贺表。

天还没亮，王公百官及外国使臣便云集在午门外。天明，由鸿胪寺官串引着王公及一、二品官员入右翼门，三品以下官员入左、右掖门，按照品级排列站立在太和殿上和廷院中静候。待钦天监报时，礼部堂官二人到乾清门奏请皇帝御殿。起驾时，午门上鼓响钟鸣，皇帝身穿明黄色龙袍至保和殿下舆，先到中和殿接受侍班、执事、导从等官员行三跪九叩礼，然后在礼部堂官二人及其他人臣的前导后扈下，进入太和殿。

在进入太和殿的时候，中和韶乐乐队开始演奏“隆平之章”，待皇帝缓缓升入镂空金漆雕龙宝座后，麾落乐止。銮仪卫官鸣三下鞭，丹陛大乐乐队奏“庆平之章”，王公百官就拜位立跪。乐止，宣表官面北跪宣贺表。读完后，复奏乐，群臣行三跪九叩礼，礼毕乐止。

这时，朝鲜等使臣在鸿胪寺官的引导下，蒙古使臣在理藩院官的引导下立于丹陛西侧，待丹陛大乐乐队奏“治平之章”时，向皇帝行三跪九叩礼。然后，皇帝赐坐、服茶。最后，銮仪卫官再三鸣鞭，鞭声响后，鸿胪寺官向皇帝报奏“礼成”。于是，在中和韶乐乐队演奏的“显平之章”乐声中皇帝还宫，群臣退朝。

在元旦、冬至、万寿节的朝会以后，皇帝还要回到乾清宫，分别接受皇后、妃嫔和皇子等人的朝贺。中午，皇帝在太和殿内设宴款待文武百官和外国使臣，开宴时，由礼部官员奏请皇上御殿。入宴人员在向皇帝进行一番跪拜仪式后，向皇上进茶，然后受茶，进酒、受酒，进馔、受馔。这一整套礼仪叫作“赐宴”。

朝会的隆重举行，向世人彰显了皇权的神圣高贵和不可侵犯。

（二）故宫中的节令俗制与服饰习俗

元旦与除夕是自古流传下来的重大节日，在民间人们往往会热烈庆祝这些节日的到来，那么在宫廷里皇帝大臣们又是如何庆祝这些带有纪念性的日子呢？在这里我们以清朝为例来作简要的说明。

元旦为一年之始，万象更新之日。元旦这一天，民间有“贺岁”和“送财添财”等习俗。清代建国后，特别是定都北京以后，满洲贵族受到汉族风俗的影响，在改造其旧俗和明代宫廷的基础上，形成了清宫特有的一套年俗制度。

元旦贺典从半夜子时开始，这天皇帝起身后，太监就将事先准备好的水果、蜜饯等食品摆好一桌，并恭请皇帝吃苹果，取“岁岁平安”“甜甜蜜蜜”之意。

子正一刻，皇帝至养心殿东南室行开笔仪。案桌上摆放了“金瓯永固”的金杯，内有屠苏酒，玉烛一支，朱漆雕云龙盘一个，内盛古铜八祇吉祥炉和香盘两个，特质御笔数支，笔端及笔管分别镌刻有“万年青”和“万年枝”字样，御用明黄纸笺若干。皇帝饮酒后亲手点燃玉烛，再将御笔在吉祥炉上熏香，然后行笔书写。先用朱笔，再用墨笔，各写吉祥数字，以图新年大吉大利，“以祈一岁之政和事理”。

比如，嘉庆元年，嘉庆帝颙琰在开笔仪式上，就是先用朱笔在黄笺中心写了“嘉庆元年，元旦良辰。宜入新年，万事如意”一行四句。再用墨笔于其右写“三阳启泰，万象更新”，于其左写“和气致祥，丰年为端”。

举行开笔仪式后，皇帝才用笔行文写字。由于养心殿东南室门额书写“明窗”二字，开笔仪又叫作“明窗开笔之典”。此仪肇始于清世宗，以后各代清帝皆奉行不辍。

开笔仪后，皇帝率宗室王公、贝勒及满族一品大臣来到长安门外玉河桥东的堂子，行祭天之礼。

祭堂子毕，圣驾还宫，皇帝与皇后去坤宁宫祭神。坤宁宫是故宫三宫之一，明代为皇后正宫，清代用作祭祀神之所和皇帝大婚时的新房。坤宁宫所供神灵和祭祀方法与祭堂子十分相似，只是规模比祭堂子小。

元旦堂子祭天与坤宁宫祭神，目的是祈求神灵在新的一年中保佑大清国国运昌盛、家族安康。

然后皇帝赴奉先殿祭奠祖先及神位，再率王公大臣、侍卫、都统以及尚书以上官员诣慈宁宫向皇太后行朝贺礼。皇帝行礼毕，皇后率公主、福晋、命妇行礼，接着，京官及地方官向皇太后俱表致贺，并于午门外行礼。

天明时分，皇帝御太和殿宝座受外廷文武百官的朝堂贺岁，是谓“元旦大朝贺”。届时太和殿前设黄案，亲王、贝勒、贝子、群臣及朝鲜、蒙古、安南等诸外藩王子、贡使咸列班次。王、贝勒立丹陛下，群臣自午门之右的西掖门入宫，外藩自午门之左的东掖门入宫。班次既定，奏中和韶乐，群臣及外藩依照品级高低先后向皇帝行三跪九叩礼。

元旦朝贺是清以前历代王朝的惯制。清代朝贺礼中，除堂子祭天、皇太后受朝贺为新加的内容外，其余大都是从前代沿袭而来，它反映了清朝宫廷礼仪风俗对汉族宫廷礼俗的继承与发展。

除夕也是清代宫廷中的重大节日。入关以后，清宫在继承明宫习俗的基础上，逐步形成了一套富有民族特色的除夕风俗。

宫中的节日庆祝从一进入十二月就开始了，每年的十二月初一，宫中有“赐福字仪”，也就是皇帝将亲笔书写的“福”字赏赐给后妃各宫以及诸臣，以示天子“赐福苍生”之意。十二月十五至二十七日，皇帝在重华宫分批召见御前大臣、侍卫及诸王公大臣、内廷翰林等至乾清宫赐“福”字。

其仪式是：皇帝于重华宫登御座，首领太监备高案笔墨，“皇帝亲洒宸翰”，在饰有龙纹的龙笺上书写“福”字。每写一幅，召一王公大臣来至玉案前跪等，写毕，由其“叩首拜领”，然后由二太监恭捧御书“福”字领其出宫。

自十二月十七日起，宫中便开始放爆竹以贺岁。爆竹有烟火和鞭炮两种。二十四日以后，皇帝车驾出宫和入宫，每过一门内监便放爆竹一枚。因此，宫人从爆竹声中就可以测得圣驾的远近东西。而愈近除夕，爆竹愈盛。

为增添节日的气氛，清宫例于二十四日起每晚在乾清宫上灯并悬挂灯联。届时乾清宫阶上挂万寿灯，阶下挂天灯，灯旁悬挂多幅金字灯联。除夕之夜，又增挂八角圆灯，宫中的两廊、甬道及石栏上亦设灯。每次上灯还有相应的礼赞仪式，如奏“歌火树星桥之章”乐曲等。

除夕，皇帝要在养心殿沐浴更衣，行“封

笔仪”。在封笔后至明晨元旦开笔之前，皇帝不再用笔写字，即使有特殊的情况也不例外。据《养吉斋丛录》记载，乾隆时某年除夕，正值平定金川战斗紧张之际，这天申时，弘历接得前方有关粮运的奏报需要及时批复，但是封笔仪已过，于是弘历只得“口授近臣缮旨颁发”，而自己绝不动笔。

是夜，与民间祭祖、拜神之俗相同，皇帝也要率家人拈香祭拜祖宗和神佛。传说灶神除夕返回下界，宫中于坤宁宫举行“接神之礼”，将腊月二十三送走的灶神接回。同时宫中以金炉焚烧松枝、柏叶等。宫院中还洒遍芝麻秸，供人踩踏，顺应了民间谚语“芝麻开花节节高”，踩芝麻秸，即取“步步登高”之意。

按照满族旧俗，清宫除夕吃饺子和年糕。年糕是满族传统的年节食品，也是祭祀用的供品，民间多用大黄米或小黄米与芸豆制作，因其黏，故称“黏糕”；“黏”与“年”谐音，又称“年糕”。清宫较民间更为讲究。

清宫除夕、元旦皇帝晚膳均吃年糕。据《膳食档》记载：乾隆四十二年除夕，弘历晚膳有“年年糕一品”；乾隆四十九年元旦，弘历晚膳“用三阳开泰珐琅碗盛红糕一品、年年糕一品”。皇帝吃年糕固然与其饮食爱好有关，但是其中也有不忘先祖和民族传统的含义。

在重要的节日期间，上至皇帝皇后下至宫女太监都要穿上庆典的服饰，清朝的服饰有着鲜明的民族特色，这也为后人的服装设计提供了借鉴和参考价值。

满族最初居住在寒冷的东北地区，畜牧业和狩猎是其主要的生产及生活方式。与此相适应，满族喜欢穿轻暖贴身的裘皮衣服。后来，随着生活地域的扩展，在与汉族和蒙古族的交往中，满族吸取了二者服装的某些形式，形成了本民族以袍褂为主的风格独特、新颖多彩的服装样式。有特色的如箭袖、马褂、旗袍、旗鞋等。

朝服是最隆重的礼服，为国家大典以及重要祭祀时所穿用。朝服包括朝冠、朝袍、朝珠、朝带和朝靴。朝服分为冬夏两种，皇帝冬季朝冠以薰貂或黑狐皮制成，顶饰三层金龙，缀东珠四颗，并披饰朱纬；夏朝冠用玉草或藤竹编制，亦缀朱纬，只是遇国丧时除去朱纬。

皇帝的朝袍有裘、棉、夹、单、纱多种，供四季穿着。颜色依等级有明黄、蓝、红、月白四种。其中明黄为等级最高的颜色，用于元旦、冬至、万寿节及祭祀太庙等典礼；蓝色用于祈天；红色用于祭朝日；月白色用于祭夕日。明黄色朝袍的服饰分为上衣下裳，分裁而合缝，箭袖、捻襟，肩配披领，腰间作方形腰包为饰，明显保留了满族遗风。

服上绣纹则承袭了前朝礼制，双肩及前胸后背各绣正面五爪龙一，腰围绣行龙五，裳折叠处前后围龙各九，裳正龙二，行龙四，并间绣十二章纹及五色云，裳幅下沿绣八宝平水纹。又披领行龙二，箭袖端正龙各一。皇帝的朝珠以东珠或珍珠制成。珠计 108 颗，象征着佛教朝暮撞钟 108 下，寓“醒百八烦恼”之意。用时挂于颈上，垂于胸前。朝带系于腰间，有两种形式，一以龙纹金圆版为饰，一以龙纹金方版为饰，色也是明黄。

清代的文武官员服饰上有着等级差别，这要从顶子、花翎、补子上来区分。顶子又叫“顶戴”，清制官员顶子级别分为：一品红宝石，二品红珊瑚，三品蓝宝石，四品青金石，五品水晶，六品砗磲，七品素金，八品阳文镂金花，九品阴文镂金花。

花翎是插在官员朝服冠和吉服冠上的孔雀羽毛，顺治十八年规定：亲王、郡王、贝勒等不准戴花翎；贝子、固伦额驸戴三眼花翎；镇国公、辅国公、和硕额驸戴双眼花翎；非宗室官员五品以上和一、二、三、四等侍卫戴单眼花翎；六品以下和蓝领侍卫戴无眼蓝翎。

补子是缀在王公品官命妇朝服胸前背后，标志文武品级的图像徽识。清制规定：亲王、郡王、贝勒、贝子等皇亲用圆形补子，绣龙蟒图像。文武品官补子用方形，其中文官图像用禽纹，武官用兽纹。

故宫，这座举世闻名的皇宫，既经历了明清两代封建王朝统治全中国近五百年的漫长历史，也经历了末代皇帝被推翻直到建国、改革开放后的今天所发生的变化，它为后世留下了极为丰富的古代建筑和历史文物遗产，也留下了许多值得记载的历史事件和宫廷逸闻掌故。在这之中有震惊中外的史事和世人罕知的遗闻轶事，也有明清两代皇室内部的黑暗与肮脏的丑闻。现如今，故宫依然巍峨屹立，金碧辉煌，但它已不再是皇宫禁地。封建王朝的统治，在历史车轮的行进下已经被碾碎，化为烟尘，它已经变成了吸引世界游人前来观瞻的旅游胜地。在新世纪的曙光下，故宫又将为伟大祖国的繁荣昌盛画上绚丽的一笔。

天坛

天坛是明清两朝皇帝用以“祭天”和“祈谷”的地方。始建于明永乐十八年（1420年），是中国古代规模最大、等级最高的祭祀建筑群。天坛布局严谨、建筑结构独特、装饰瑰丽，巧妙地运用了力学、声学和几何学等多种科学原理，具有较高的历史和文化价值，为我国古代建筑精品之一。

一、中国古代建筑史上的奇迹

天坛是华夏文明的积淀之一，是我国古代劳动人民智慧的结晶。它的每座建筑都展示着中国古代特有的寓意，象征着古代人民希望国家强盛、秋后五谷丰登。天坛足以使每个游人穿越时空，抵达中华文明的深处。

（一）走近天坛

天坛位于北京市崇文区故宫正南偏东的城南，正阳门外东侧，永定门内路东，是明清两代帝王冬至日祭皇天上帝和正月上辛日行祈谷礼的地方。始建于明朝永乐十八年（1420年），明成祖朱棣用工十四年与紫禁城同时建成，最初实行天地合祀，叫作天地坛，南北的郊坛都一样，设祭的地方名叫大祀殿，为宽12间，纵深36间的黄瓦玉陛重檐垂脊的方形大殿。明嘉靖九年（1530年），嘉靖皇帝听大臣言："古者祀天于圜丘，祀地于方丘。圜丘者，南郊地上之丘，丘圜而高，以象天也。方丘者，北郊泽中之丘，丘方而下，以象地也。"于是决定天地分祭，在大祀殿南建圜丘祭天，在北城安定门外另建方泽坛祭地，实行四郊分祀制度。原天地坛则专事祭天、祈谷和祈雨，嘉靖十三年（1534年）圜丘改名天坛，方泽改名地坛。大祀殿废弃后，改为祈谷坛。嘉靖十七年（1538年）祈谷坛被废，嘉靖十九年（1540年），又将原大祀殿改为大享殿，嘉靖二十四年建成。圆形建筑从此开始。

清廷入关后，基本沿袭明制，天坛被保留和重修。乾隆时期，国力富强，大兴工程。乾隆十二年（1747年），皇帝决定将天坛内外墙垣重建，改土墙为城砖包砌，中部到顶部包砌两层城砖。内坛墙的墙顶宽度缩减为营造四尺八寸，不用檐柱，成为没有廊柱的悬檐走廊。经过改建的天坛内外坛墙更加厚

重，周延十余里，成为极壮丽的景观。天坛的主要建筑祈年殿、皇穹宇、圜丘坛等也均在此时改建，并一直留存至今。乾隆十六年（1751 年），正式将大享殿更名为祈年殿，更换蓝瓦金顶。以后又多次修缮、扩建。后来经光绪帝重修改建后，才形成现在天坛公园的格局。目前的主体建筑除祈年门和皇乾殿是明代建筑外，其余都是清代建造的。

天坛是世界上最大的祭天建筑群，它的总面积为 273 公顷，是故宫面积的两倍，北海的四倍。有两重垣墙，形成内外坛，形似“回”字。全部宫殿、坛基都朝南成圆形，以象征天。主要建筑祭坛和斋宫都建造在内坛，排列在一条南北直线纵轴上。坛墙南方北圆，两重坛墙的南侧转角皆为直角，北侧转角皆为圆弧形，象征着“天圆地方”，俗称“天地墙”。外坛墙周长 6553 米，原本只在西墙上开辟祈谷坛门和圜丘坛门，1949 年后又陆续新建了东门和北门，并把内坛南面的昭亨门改为南门。内坛墙周长 4152 米，辟有六门：祈谷坛有东、北、西三座天门，圜丘坛的南面有泰元、昭亨和广利门。内坛南有圜丘坛和皇穹宇，北有祈年殿和皇乾殿，两部分之间有一道东西横墙相隔，并用一座长 360 米、宽 28 米、高 2.5 米的“丹陛桥”（砖砌甬道）连接圜丘坛和祈谷坛(圜丘坛内主要建筑有圜丘台、皇穹宇等，祈谷坛内主要建筑有祈年殿、皇乾殿、祈年门等）构成了内坛的南北轴线。整个布局和建筑结构，风格独特。

1860 年和 1900 年天坛先后被英法联军和八国联军占据，他们几乎将所有的陈设和祭器都席卷而去。八国联军甚至还把司令部设在这里，并在圜丘坛上架设大炮，攻击正阳门和紫禁城。中华民国成立后，除袁世凯登基外，天坛不再进行任何祭祀活动。1918 年起辟为公园，正式对民众开放。目前园内古柏葱郁，是北京城南的一座大型园林。

1949 年中华人民共和国成立后，政府对天坛的文物古迹投入大量的资金以保护和维修。经过多次修缮和大规模绿化，古老的天坛更加壮丽。园内保留有二百年以上的古柏两千五百多棵，此外新植柏树槐树等树木，处处设有绿地草坪和休息长凳。百花园种植了大量的花卉，著名的有月季园和牡丹园等。近年

又在百花园北新建了别具一格的亭廊连接的庭园，增添了园景。

天坛作为中国规模最大、伦理等级最高的古代祭祀建筑群，布局严谨、结构独特、装饰瑰丽，巧妙地运用了力学、声学和几何学等原理，具有较高的历史、科学和文化价值，在中国建筑史上占有重要的地位。1961年，国务院公布天坛为“全国重点文物保护单位”。1998年，联合国教科文组织确认天坛为“世界文化遗产”，根据文化遗产遴选标准被列入《世界遗产名录》，世界遗产委员会对天坛的评价如下：

天坛建于公元15世纪上半叶，坐落在皇家园林当中，四周古松环抱，是保存完好的坛庙建筑群，无论在整体布局还是单一建筑上，都反映出天地之间的关系，而这一关系在中国古代宇宙观中占据着核心位置。同时，这些建筑还体现出帝王将相在这一关系中所起的独特作用。

（二）照亮登天之路

天坛的南大门叫昭亨门，有三道门，琉璃瓦盖顶，“昭亨门”三个镏金大字横挂其上，给人的感觉是气势恢弘、沉稳厚重。从南门进入，树木葱郁，尤其在南北轴线和建筑群附近，更是古柏参天，树冠相接，翠绿掩映，把祭坛烘托得十分肃穆。据统计，天坛仅古柏就有4000株。古人在坛、庙、陵寝等建筑周围种植苍松翠柏，表示崇敬、追念和祈求之意。

昭亨门的西面，在三座高大的石台上屹立着高高的杆柱，叫“望灯杆”，是皇帝祭天时挂灯笼用的。始建于明嘉靖九年（1530年），最初仅一座，明崇祯年间增至三座。杆长九丈九尺九寸，为什么不是十尺呢？因为据说天高九重九丈九尺。灯杆由三根戗杆支撑，灯杆上悬挂巨大灯笼。皇帝祭天也是很辛苦的，要在冬至这天日出前七刻，也就是现在的凌晨四点多举行仪式。在漆黑的冬夜，自然需要光明，又因为是为皇帝照明，

就非同一般，必须是“吉灯高照”。祭天时三根灯杆上各吊大灯笼一只，这三个大灯笼也不简单，高逾2米，周长4米多，大可容人。灯笼以铁丝编成龟背纹，糊以黄棉纸。所用特制蜡烛，长4尺，粗1尺，并铸有凸龙花纹。燃点时不灭、不流油、不剪蜡花，可燃12个小时，故名为“蟠龙通宵宝蜡”，是我国蜡烛中的珍品。

1914年，袁世凯祭天时拆掉了南北两根灯杆，只留下中间一根。1934年仅存的一根被大风吹折。现存望灯台遗迹两座，方形，每边长约5米，沿外墙西侧一字排开。望灯台青石砌造，台高1.7米，东向各有九级台阶。台上竖巨石，石高约1.5米，成夹杆石，石间有缝隙，是插望灯杆所在。1993年，天坛恢复了北望灯台，竖灯杆于其上。当时深掘其地，竟找到旧灯杆的一段遗木，已十分糟朽。于是按其深度浇注水泥台基，在其上按旧式砌青石。又制钢骨包镶木灯杆，深入地下竖起，根基以大螺栓固定，灯杆从地表至顶高达31米。

顺着不长的甬道往前走，在昭亨门正对面、与甬道相连的是圜丘坛。

（三）荣登九重天

皇帝每年祭天时，都从西边牌楼下轿，然后步入昭亨门，进昭亨门到圜丘坛。圜丘坛始建于嘉靖九年（1530年），坛有外方内圆两重矮墙，第一层墙为方形叫外；第二层墙为圆形叫内，象征“天圆地方”。两重矮墙上饰绿色琉璃瓦，俗称“子墙”，墙壁四面正中均辟棂星门，每座门上题有满汉合璧门额。这四组每组三门，共24座，是24节气的象征。棂星，即灵星，又名天田星。《辞海》曰：灵星主谷，祭灵星是为祈谷报功。汉高祖刘邦始祭灵星，后来凡是祭天前先要祭祀灵星。棂星门多用于坛庙建筑和陵墓的前面，门框为汉白玉石造，上饰如意形云纹板，有“云门玉立”之美称。圜丘坛双层围墙和双层云门重重拥立，覆以蓝琉璃筒瓦的围墙不高，只及肩耳，门上云纹飘逸似乎天上白

云触手可及，烘托的是一种踏祥云登临天界的清朗感觉。

圜丘是祭天的，所以把它砌成圆形，又因天是凌空的，台上不建房屋，对空而祭，称之为“露祭”。“圜”在汉语中意为“天”。圜丘形圆象征天，三层坛制，高 5.17 米，下层直径 54.92 米，上层直径 23.65 米，每层四面出台阶各九级。每层的栏杆头上都刻有云龙纹，在每一栏杆下又向外伸出一石螭头，用于坛面排水。每登上一层，都要有 9 层台阶，坛内中央处，就是祭天台（也叫拜天台），是一块呈圆形的大理石板，称作天心石，因《周易》：“太极生两仪，两仪生四象。”于是中心石又称太极石。从中心向外围铺以扇形石，上层坛共有九环，每环扇形石的数目都是“九”的倍数。一环的扇面石是 9 块、二环 18 块、三环 27 块……九环 81 块取名九九。中层坛从第十环开始，即 90 块扇面石，直至十八环，为 162 块组成。下层坛从十九环开始，至第二十七环，扇面石 243 块。三层坛共有 378 个“九”，合计用扇面石 3402 块。中层、底层的石板数也均为九的倍数。坛面周围的栏板数也有象征意义，顶层四面栏板，每面 18 块，共 72 块，中层 108 块，底层 180 块，总计 360 块，合“一周天”360 度之数。站在圜丘高坛上，视野开阔，人们似乎手可触天，脚可离地，仿佛在天上行走，充分体现了建筑艺术的魅力。

台面墁嵌九重石板，是象征九重天的意思。天帝的牌位就安放在太极石上，象征天帝高居九重天上。关于九重天，说法众多，一种是：第一重日天；第二重月天；第三重金星天；第四重木星天；第五重水星天；第六重火星天；第七重土星天；第八重二十八宿天；第九重为宗动天，即上帝的起居室。每当祭天时，在坛台中央的太极石上供奉着皇天上帝牌，外面支搭蓝色缎幄帐，象征皇天上帝居住在九天之上。古代中国认为天属阳，地属阴，引申开来，奇数属阳，偶数属阴。圜丘之所以都用奇数去构筑，就是因为它们都是阳数。而在 10 以下，最大的阳数是 9，引申下去，9 就是最大、无限、至极的意思，是极阳数，所以古代的工匠使用这个数字来赋予圜丘台意念上的崇高。中国过去皇帝称为“九五之尊”，中国古诗词中也有“九霄”“九天”“九重天”……其中的“九”都是这个意思。圜丘在建筑设计中使用奇

数，而且反复使用其中“九”的倍数，正是古代匠师对这种概念的运用和发挥，使“天”的观念能在祭祀建筑中更好地体现。

站在圜丘台中间的圆心石上轻轻唤一声，就立即从四面八方传来回声，一呼百应。每当皇帝在这里祭天，其洪亮声音，就如同上天神谕一般，加上祭礼时那庄严的气氛，更具神秘效果。封建帝王附会说这是皇天上帝在向凡人发出“圣谕”。其实，这种现象是声波被阻的回音。因为坛面光滑，从圆心石发出的声波传到四周的石栏以后，就同时从四周迅速反射回来，声波振动较大；又由于圜丘坛的半径较短，所以回声很快反射回来，与原声汇合，音量加倍。据测试，从发音到声波返回到圆心的时间，总共只有 0.07 秒，所以站在圆心石上的人听起来，声音格外响亮。因此，圜丘坛上的圆心石又称为“亿兆景从石”。

正因此坛修建奇巧，所以乾隆特地赏赐给工匠头目们六品、七品和无品级三等顶戴。

（四）敬列祖列宗，祈五谷丰登

祈谷坛是举行孟春祈谷大典的场所，主要建筑有祈年殿、皇乾殿、东西配殿、祈年门、神厨、宰牲亭、长廊等。祈谷大典在祈年殿举行。

祈年殿坐落在圆形台基之上，周围被方墙环绕，仍是对天圆地方宇宙观的表达。该殿最初作为天地合祀之所，祭天地在中国所有祭祀活动中位列第一，故名大祀殿。建于明永乐十八年（1420 年），是一个矩形大殿。殿高 38.2 米，里面 28 根大柱分别寓意四季、十二月、十二时辰以及周天星宿，是古代明堂式建筑仅存的一列。明嘉靖九年（1530 年）建圜丘坛，此后冬至大祀改在圜丘坛举行，并于 1545 年在大祀殿原址上建成大享殿，成为祈谷专用的殿堂。清乾隆十六年（1751 年），乾隆认为“大享”之名与祈谷不符，遂命名“祈年殿”，并将三层屋顶全部换成蓝色琉璃瓦，与蓝天相应，喻意此处是皇帝专门祭天祈祷

五谷丰登、天下太平的地方。

祈年殿下的基座是三层的圆形石台，而在正面三层石台阶中，分别装饰着巨大的浮雕，叫作“殿前丹陛”石雕。从下至上内容分别是：瑞云山海、双凤山海、双龙山海。各层排水孔的图案和浮雕的内容也是对应的。东西两旁的配殿各有九间，原来是安放从祀牌位的地方，不过在嘉靖年间，把它们挪到了先农坛，所以现在这里也就没有什么实际用途了。

祈年殿为坛殿结合的圆形建筑，是根据古代“屋下祭帝”的说法建立的。高 38 米，直径 32.7 米，三重蓝琉璃瓦，圆形屋檐，攒尖顶，宝顶镏金。整体建筑不用大梁长檩及铁钉，完全依靠柱、枋、桷、闩支撑和榫接起来，俗称无梁殿，是中国古典木结构建筑中的一大奇观。殿内托起三层巨大屋顶重量的是环列而立的 28 根天象大柱。中央四根镏金缠枝莲花柱是“龙井柱”，也称“通天柱”，象征一年四季，高 19.2 米，直径 1.2 米，支撑上层屋檐；中层十二根朱红漆柱是“金柱”，在朱红色底漆上以沥粉贴金的方法绘有精致的图案，象征一年 12 个月，支撑第二层屋檐；外层十二根是“檐柱”，象征一日 12 个时辰，支撑第三层屋檐。相应设置三层天花，中间设置龙凤藻井；殿内梁枋施龙凤和玺彩画。金柱檐柱相加成 24，象征一年 24 节气；金柱檐柱龙井柱相加成 28，象征天宇 28 星宿；龙井柱上端的藻井周围有八根铜柱环立，称“雷公柱”，如专司惩恶主正义之神的雷公高高在上；金柱檐柱龙井柱雷公柱相加成 36，代表 36 天罡，象征天帝的“一统天下”。

祈年殿全砖木结构，外形高大壮硕，却又优美典雅。在湛蓝的天空下，三层晶莹洁白的圆形汉白玉石台托起一座体态雄伟、构架精巧的圆殿，蓝瓦红柱，金顶彩绘。与故宫建筑的横向平顶不同，祈年殿三层滑光闪闪的蓝色攒尖屋顶逐级收分向上，汇聚于镏金宝顶之下，覆盖着象征“天”的蓝色琉璃瓦，层层向上收缩，檐下的木结构用和玺彩绘，坐落在汉白玉石基座上，远远望去，色彩对比强烈而和谐，上下形状统一而富于变化，镏金宝顶三层出檐的圆

形攒尖式屋顶外部是三层高阁，内部则是层层相叠而环接的穹顶式，既有强烈的动感，又不失端庄稳重。昂首蓝天的身形正在那里不动声色地讲述着一个往复的过程，那是无极生太极，一而二、二而三，三生万物的向下繁衍过程；又是万物复归于三，由三而一，一复归于无的应天领悟的回升过程。整个造型，端庄完美，色彩和谐，以“天何言哉”“不着一字”的风度气魄，无言地“表达了一种对一个伟大文明的进步产生过伟大影响的宇宙观”，成为一部造型优雅、生动立体的宇宙演化图式解说。

祈谷坛的另一座重要建筑是皇乾殿，是平时供奉祈谷坛祭祀正位和配位神牌的大殿，建于明永乐十八年（1420 年），它坐落在祈年墙环绕的矩形院落里，由三座琉璃门与祭坛相通。这是一座庑殿式大殿，覆盖蓝色的琉璃瓦，下面有汉白玉石栏杆的台基座。它是专为平时供奉“皇天上帝”和皇帝列祖列宗神牌的殿宇，神牌均供奉在形状像屋宇的神龛里，每逢农历初一、十五，管理祀祭的衙署定时派官员扫尘、上香。祭祀前一天，皇帝到此上香行礼后，由礼部尚书上香，行三跪九叩礼再由太常寺卿率官员将神牌恭请至龙亭内安放，由銮仪卫的样铒抬至祈年殿内各相应神位安放，受祭。

南神厨院建于明嘉靖九年（1530 年），位于圜丘东，坐北朝南，院门南开，主要建筑有神库、神厨、井亭，是圜丘冬至祭天大典之前制作圜丘坛各种祭品的场所。院门外有走牲道与圜丘东棂星门相连，祭时临时搭设走牲棚以运送祭品。建筑规整庄重，是我国祭祀建筑中仅存的几座神厨之一。神厨旁边是神库，是收藏祭品的库房。神库门前有一眼水井，因其水清味甜而得名“天泉井”。祭天祈谷时用的供馔和糕点，全用此水调制。道士们说，这口井上通天河，是神水。

七十二长廊呈“W”形，共 72 间，起着连接祈谷坛、神厨、神库及运送祭品的重要作用。该长廊的间数正好与 72 地煞的数字相同，过去传说这是地煞鬼聚集的地方，廊内灯笼式竖灯暗淡，阴森恐怖。后来将其窗坎拆除，从而长廊景观大变，成为人们游乐的好去处。

（五）人间偶语，天帝回应

位于圜丘坛与祈谷坛之间的轴线上的皇穹宇院落坐北朝南，圆形围墙，南面设三座琉璃门，主要建筑有皇穹宇和东西配殿，供奉圜丘坛祭祀神位的场所，是存放祭祀神牌的处所。始建于明嘉靖九年（1530 年），初名泰神殿，嘉靖十七年（1538 年），改称皇穹宇，为重檐圆攒尖顶建筑。清乾隆十七年（1752 年）重建，改为镏金宝顶单檐蓝瓦圆攒尖顶，有东西配庑各 5 间。

皇穹宇由环转十六根柱子支撑，外层八根檐柱，中间八根金柱，两层柱子上设共同的镏金斗拱，以支撑拱上的天花和藻井，殿内满是龙凤和玺彩画，天花图案为贴金二龙戏珠，藻井为金龙藻井。皇穹宇殿内的斗拱和藻井跨度在我国古建中是独一无二的。皇穹宇配殿，歇山殿顶，蓝琉璃瓦屋面，正面出台阶六级，饰旋子彩画，造型精巧。东殿殿内供奉大明之神（太阳）、北斗七星、金木水火土五星、周天星辰等神牌，西殿则是夜明之神（月）、云雨风雷诸神神牌供奉处。

皇穹宇的正殿和配殿都被一堵圆形围墙环绕，墙高 3.72 米，直径 61.5 米，周长 193 米。墙身用山东临清砖磨砖对缝，蓝琉璃筒瓦顶，人们在墙的不同位置面墙说话，站在远处墙边的人，能十分清晰地听到，回音久远，堪称奇趣，给人造成一种“天人感应”的神秘气氛，这就是著名的“回音壁”。这是因为皇穹宇圆形院落的墙壁内侧墙面平整光洁，能够有规则地传递声波，自然形成音波折射体，又加上磨砖对缝的砌墙方式使墙体结构十分紧密，当人们分别站在东西配殿的后面靠近墙壁轻声讲话，声波沿着光滑的圆形围墙连续反射，虽然双方距离很远，但是可以非常清楚地听见对方讲话的声音。

皇穹宇殿正前方甬路石板还有“三音石”和“对话石”等奇妙的声学现象。通过这些声学建筑，寓示在浩浩苍穹、渺渺宇宙之中，与天和者，天亦与之相和，君子言行“之所以动天地也”，并暗示来者只要用心，就可以借用人的

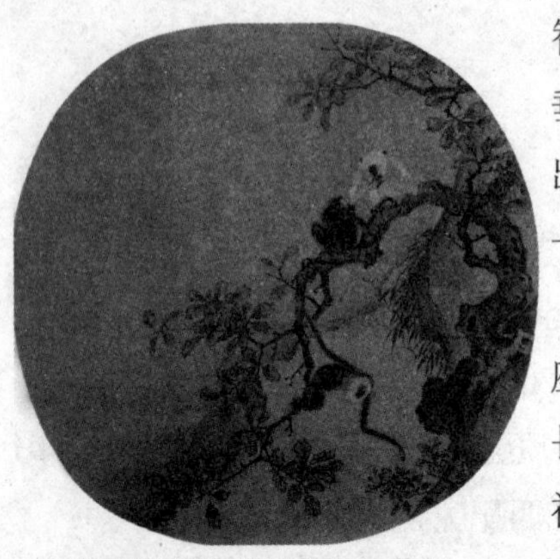

智慧去探寻那幽玄而恒远的宇宙，进入“天垂示于人、人拥入蓝天”的文化意境，表现出的是中国“天人感应”的思想及“天人合一”的最高哲学境界。

圜丘坛、皇穹宇、祈谷坛是中轴线上三座主要建筑，连接这三座主建筑的是一座长长的贯通南北的台基，叫丹陛桥，也是连接祈谷坛南砖门及其南天门（成贞门）的甬道，又叫神道或海墁大道。它长360米，宽29.4米，北端高4米，南端高1米，由南向北逐渐升至3米，北行令人步步登高，如临天庭，象征着此道与天宫相接，皇帝由南至北步步升天。清冷的冬日跨出祈年殿的大门，顺着这条三百多米长的笔直甬道往南望去，门廊重重，越远越小，天地渺然雄浑似是极目无尽，令人不得不赞叹当年设计建筑的手法和灵感。

丹陛桥中间是神道，左边是御道，右边是王道。皇帝走御道，王公大臣走王道，神走神道。桥下有东西向隧道，是祭祀前将牲畜送去屠宰的洞口，名叫“鬼门关”。祭祀时用的禽畜养在牺牲所，在圜丘、祈谷两坛之西，而宰牲亭及制作贡品的神厨，却在两坛之东。按规定，祈年门与成贞门间的神道上，除飞鸟无法禁止外，是禁止任何活物通过的，祭祀用的禽畜也不许经过昭亨门与北天门。于是人们在神道下修了个门洞形隧道，券门就叫“进牲门”，祭祀用的牛羊鸡兔等从此被赶到500米外的宰牲亭宰杀，制成供品，因其一去无回，故此处人称“鬼门关”。当时还传说洞中闹鬼，关着犯了天规的天师，所以人们都不敢随便出入这一地区，祭祀时从祀人员也尽量绕开这里，以免惹鬼上身，沾染晦气。

丹陛桥作为通道为什么又要称为桥呢？其一是因为路面南低北高，步步高升，好像与天相连接的桥；其二是路面下边建有进牲门，上下两层，人在上面走，下面有道，所以称之为桥。

（六）洗心涤虑，清音逸韵

除祈谷坛和圜丘坛之外，天坛还有两组与众不同的建筑群，即斋宫和神乐

署。斋宫建于明永乐十八年（1420年），是皇帝举行祭天大典前进行斋戒的场所，位于祈谷坛内坛西南隅。历史上明清两朝共有二十二个皇帝驾临天坛，洗心涤虑虔诚斋戒。斋宫布局严谨，环境典雅，是中国古代祭祀斋戒建筑的代表作。

面对神天，即使皇帝驾临天坛时驻跸的斋宫也不能与之分庭抗礼，这斋宫俗名“小皇宫”，却与皇宫建筑大有不同，一改皇宫的坐北向南而为坐西朝东，殿瓦也采用绿色而非象征帝王的黄色，以示偏居侧位，对天称臣。皇帝试图通过这种谦逊表达对上天的恭敬和顺从，体现君主的美德。清高宗乾隆皇帝在他的《诣斋宫斋宿诗》中即以“守德由来胜守险”句来宣示皇帝恪守美德的重要。

斋宫也有城河围护。宫内建有无梁殿、寝殿、钟楼、值守房和巡守步廊等礼仪、居住、服务、警卫专用建筑，均采用绿色琉璃瓦，以两重宫墙、两道御沟围护。外层宫墙叫“砖城”，又叫“外城”；内层宫墙叫“紫墙”，又叫“子城”。紫墙外御沟内岸，建有回廊一百六十三间相环绕，是当年守卫斋宫八旗兵将遮蔽风雨霜雪的地方。紫城南北又有五间朝房，北边的五间是官员存放衣帽寝具用的，南边五间是制作糕点的厨房。在外层砖城四角各有守卫宫墙的禁军兵将休息室五间，用它代替紫禁城四角的角楼，可谓宫城虽小，规制俱全，禁卫森严。

无梁殿即斋宫正殿，是皇帝白天斋戒场所，殿内陈设朴素，建于明永乐十八年（1420年），共五间，建在一座汉白玉石台基上，绿琉璃瓦庑殿顶，重檐垂脊，吻兽俱全，整座建筑显得宏伟庄重，十分华丽。殿内为砖券拱顶，殿前月台崇基石栏，三出陛，正阶十三级，左右各十五级。大殿内无一梁一柱，是一座无梁殿，象征帝王心灵似无梁殿一样虚空无邪，至敬至诚，以感动皇天上帝。正中间所悬“钦若昊天”匾为乾隆皇帝御笔，表达了天子对皇天上帝的虔诚之心。这四字出自《尚书·尧典》“乃命羲和钦若昊天”一语，乾隆皇帝借用来表示他对昊天的崇敬和恭顺，但同时也借来了天威和神圣。皇帝乃受命于天的“天子”，君权神授，皇帝也就拥有无上的权威了。

正殿前露台两边各建石亭一座，左边的叫“斋戒铜人亭”，明清两代皇帝到此斋戒时，亭里

就供着个乌纱玉带的铜人，据说是唐太宗的宰相魏徵的遗容。铜人手捧一个牌子，上写“斋戒”二字，提醒皇帝别忘了斋戒。右边的叫“时辰亭”，里边摆着时辰牌子，告诫皇帝要按时斋戒，准时祭天。正殿北面，有一座钟楼，内悬明永乐年间太和钟一口，当皇帝一出斋宫，准备登上圜丘祭天时，钟楼上立即鸣钟，直到典礼开始，古乐声起，钟声即停。待祭礼完毕，钟声又响，直到皇帝坐上黄色大轿走出天坛大门，钟声方停。正殿后又有五间华丽的大殿，是皇帝斋戒时的“寝宫”，后面还有典守房十间，是侍卫的住处和库房。

神乐署位于北京天坛西门内稍南侧，是天坛五组大型建筑之一，隶属于礼部太常寺之下，是一个常设机构，拥有数百人的乐队和舞队，平时进行排练，祭祀时负责礼乐。署衙的位置在外坛西部，与斋宫隔墙相邻，是一组标准的衙署建筑。作为皇家最高的音乐机构，天坛神乐署与天坛祈年殿、圜丘、斋宫、牺牲所并称为天坛五大建筑群，在明清时期的皇家祭祀历史上曾发挥过重要的作用。是明清两代为朝廷培训祭祀乐舞的专门机构和演练祭祀乐舞的专用场所，被今人视为明清时期高等音乐学府。神乐署所奏音乐皆为清丽庄重的雅乐，韵味无穷。

神乐署占地约 1 万平方米，总平面呈东西长南北短的长方形，正殿为两重殿宇的三进院落，歇山顶单檐古建筑，坐西向东，六楹五开间，东西向设穿堂门，殿内面积达 600 平方米。原为明清两朝演习祭祀礼乐的殿宇，明称太和殿，清康熙年间改名为凝禧殿，用于排演祭祀大典。后殿七开间，原名玄武殿，明末改称显佑殿，用于供奉玄武大帝以及诸乐神；殿后还有袍服库、典礼署、奉祀堂等建筑。东跨院有通赞房、恪恭堂、正伦堂、候公堂、穆佾所等建筑；西跨院有掌乐堂、协律堂、教师房、伶伦堂、昭佾所等建筑。据史料记载，天坛神乐署除了上述建筑之外还建有大量的茶棚、酒楼、药铺等建筑，在神乐署围墙内甚至还有一座关帝庙。

二、天坛建筑的传说

沐浴古建筑的色彩，呼吸远古的气息。听听那传说，看看那神话，这里有无穷的艺术，也有纷争的人事。这一切，让天坛有了气质，而气质来源于它的真实：建筑不是画布上的矫情造势，是对生活的救赎。

（一）天坛源起天坛峰

天坛峰是王屋山的主峰，原名叫琼林台，因黄帝在山顶设坛祭天，后人改为天坛，又为纪念黄帝老师华盖对黄帝的指点，把天坛峰前的山叫华盖峰。由此王屋山天坛成为天下名山，《禹贡》《山海经》《国语》都有王屋山的记载，《吕氏春秋》把王屋山列为九大名山之一。汉武帝、汉献帝、唐玄宗、宋徽宗等二十七个帝王来王屋视察，登顶祭天。明代后，朱棣皇帝在北京建天坛，以示从王屋山迁去，天坛峰就成了北京天坛公园的前身。

这个传说现今有了例证，举两个最为人熟知的。其一，天坛砚。天坛砚又叫盘砚，是中国四大名砚之一，也是中原历史名砚，因产于盘谷而得名。盘谷位于豫西北济源市城西60华里的“愚公移山”所在地——王屋山中，王屋山也是道教十大洞天之中的第一胜地。唐朝大文学家韩愈的著名散文《送李愿归盘谷序》写的就是这个地方。盘砚的砚石就产于天坛峰附近，相传轩辕黄帝曾在王屋山主峰顶上建筑祭天的神坛，故又称天坛砚。天坛砚始制于唐朝开元年间，距今已有一千二百多年历史。其二，女娲补天新说。女娲补天的神话近些年有新的发现，特别是发现了女娲补天的所在地之一——王屋山。相传女娲补天在王屋山之巅，山上有黄帝祈天之所，名曰“天坛”，传说从“天坛”可到天宫。想象女娲站在这样高的险峰补天，

颇近情理。天坛是王屋山的主峰，高峰耸峙，深谷纵横，一峰突起，万峰臣伏，唯我独尊，从南向北看，中间高，两边低，好似王者之屋，称王屋山。

由此可见，天坛峰虽与北京天坛地理位置遥遥相距，但实际上渊源颇深，真正意义上的祭天之坛在天坛峰，是天坛的前身。而如今北京的天坛乃人为杰作，虽功能一样，含义却已大不相同。

（二）祖师爷助建祈年殿

祈年殿是天坛的标志性建筑。“年”字的本义是五谷丰收的意思，在篆文中，从禾，千声，是形声字。所以祈年殿实际是帝王祈祷风调雨顺、五谷丰登的地方，而行礼的场所是殿下的圆台，那并非祈年殿的殿基，其名为祈谷坛。祈年殿不用大梁长檩及铁钉，只依靠柱、枋、桷、闩支撑和榫接起来，俗称无梁殿，是中国古典木结构建筑中的一大奇观。这“奇”中，也有故事。

传说，在修天坛祈年殿时，召了上千民工，不分昼夜地干。一天，有个年近七十的老人，说他会木工，要求做几天工，挣口饭吃。工头可怜他，就让他跟刘木匠干活。

刘木匠把他带到自己的工地，也不作交代，自己闷头干了起来。老头儿闲着没事，就问：“叫我做点儿什么呢?”刘木匠踢过一根半尺长的圆木头，“给你，就干这个吧!”也不告诉他做什么，怎么做。老头儿也不问，扛起木头到一边做了起来。他用了整整一天的时间，在这根木头上下两面，画了密密麻麻的黑线。

第二天上工时间过了，还不见老头儿人影。刘木匠生气地说：“简直是胡闹，一天也没干出什么活儿来!”边说着，边走到老头儿做活的地方，踢了那根木头一脚，只听那木头“哗啦”一声，全散了，变成了无数块木楔子，上面还有号码。刘木匠一怔，知道必有缘故，马上把这些木楔细心地藏起来。他想：

说不定是祖师爷鲁班的指点，这些东西将来一定能派上用场。

祈年殿快完工了，可是在安装房顶时，每个梁柱的接口处都不牢固。这时候，刘木匠想起自己保存的那包木楔子。拿来一用，不大不小，正好将“飞头”与“老檐”牢牢固定住。最后，这些木楔都用上了，不多不少。有人觉得奇怪，就问：“刘木匠，你怎么知道事先预备好这些木楔呢？”刘木匠就把那老头儿的事告诉了大家，大家都十分感激祖师爷的关怀和帮助。如若不是这些木楔咬合恰当，分毫不差，怎能铸就建筑史上一大奇迹呢？

（三）圜丘台和小神童

天坛公园里的圜丘台台面、台阶和栏杆所用石块都是九的倍数，让人不能不为此叫绝！可相传当初建台时，要不是算学家秦九韶派神童前来救急，多少人都险送性命！

话说乾隆年间，乾隆皇上嫌圜丘台面狭小，下旨要扩展加宽，重修一番。工匠长接受了这一工程，画出了图样。皇上一看，圆圆的台面，外围汉白玉栏杆，肃穆庄重。这时候，有个一贯给人难堪的大臣走出来说：“启禀皇上：古有天数之说，天为阳地为阴，奇数为阳偶数为阴，不知此殿用砖为阳还是为阴？”

这一问，皇上和众人都愣住了，工匠长如履薄冰，汗已湿衣。皇上想了想说：“对，要阳数！从台面到台阶，一律用阳数！”这个坏大臣忙补充一句：“九！九为最佳！”这下可急坏了工匠长，他来到圜丘台上，怎么也计算不出来。这天，皇上传他上朝，询问工程情况。他战战兢兢地说：“还没算出来，请皇上再容三日。”这时，上次出坏主意的大臣又说：“据说圜丘台已毁，用料虽备齐，但迟迟不施工，民工们整日无事，坐吃白饭，怕要耽误皇上祭天……”皇上火冒三丈，一声喝令：“斩！”一个字，上千人的性命难保。工匠长跪地求饶，磕头无数，保证三日之内开工。只是话好说，事难做，谁能保证样样原料

数为九又不失美观？到了第三天晚上，众人仍然一筹莫展，这时，来了一个小要饭的。大家告诉他：“我们都泥菩萨过河自身难保了，给你点吃的，快走吧！”可这小孩儿，硬说他力气大，不想走，想留下来干活，大伙说：“这儿的活干不下去了。”小孩儿说：“干不下去了，你们怎么不走啊？你们不走，我就要留下来混口饭吃。”大伙儿拿他没办法，只好把他带到工匠长那里。

工匠长正一个人在屋里喝闷酒，见大伙儿带来个小孩儿，破衣烂衫的，还流着鼻涕，也怪可怜的，就拿出好吃好喝款待他，这孩子也只管低头吃喝，一言不发。等吃喝完了，撕下一块破袖头儿抹抹嘴，擦完嘴把破袖头往地下一扔，“噌！”一溜烟儿没影了。工匠长觉得奇怪，低头一看，这破布角上有个“秦”字，再铺平细看，分明是一张祭台的图样啊！工匠长如获至宝，一把抓起，这坛面第一层是九块扇面形石块，第二层是十八块，第三层以此类推，……第九层整整九九八十一块，这台阶也是九的倍数，这栏板还是九和九的倍数，整整三百六十块，正合历法中的一周天三百六十度的数目。高啊！实在是高！这小孩儿是谁呢？他突然想起了破袖头上的“秦”字，他明白了，是算学家秦九韶大师派神童前来帮助自己了。工匠长喜笑颜开，连夜画出“九九图”呈报了皇上，第二天皇上焚香礼拜，圜丘台开工。建成后，龙颜大悦，乾隆特地赏赐给工匠头目们六品、七品和无品级三等顶戴，一时传为佳话。

三、天坛亦真亦幻的传奇风物

悠悠岁月，时间的河；花开花落，自然的歌。总有些传说是那么合情合理，总有些故事是那么出神入化。驻足在相同的路口，寻找曾经的传奇，因为有故事，所以我们向往。

（一）四块玉和七星石

在天坛公园东厂不远处，有一个名为“四块玉”的地方，这片地方早在几十年前还是城市周边的荒地，后来随着城市人口的增加，四块玉逐渐成为居民住宅区。所谓住宅也多是一些低矮平房，和胡同的四合院有明显的区别。在这里，已经找不到街巷间韵味十足的京城气息，所有的一切都是简陋和单调的。

四块玉这地方据说以前真的有过四块“玉”（指的是大理石的一种——汉白玉）。关于石头的来历，众说纷纭，住在那里的老人说是从古庙上拆下来的，也有人说是明朝建天坛时留下来的。对于玉的由来，居民大多知道关于建天坛的传说。至于它的去处，民间也有说法，说是在庚子之变中，清政府屈服德国而建筑的“克林德碑”所用的石料就是这四块汉白玉。

七星石位于天坛七十二长廊东南侧的旷地中，共有七大一小共八块巨石，但为何称作“七星石”呢？据传说，明永乐帝迁都北京时，想修建一座祭天地的坛庙建筑，但难找到合适的地方。有一晚他梦见天上北斗七星落于此地，谓之天遂人意，为其解了不决之难，从而降旨于此地建造祭坛。据资料记载，七星石为明代嘉靖九年，经人工雕凿后而置于此处的。嘉靖皇帝十分迷信道教，道士对他说，祈年殿东南方太为空旷，这对他的皇位、寿命不利，于是便设七星石在此，以镇压风水，其上刻山形纹，讹传系陨石，实则寓意泰山七峰。

在七星石东北隅还有一块小石头，据说这是清朝统治者为了纪念他们的祖先功

德而增置的，乾隆皇帝诏令增设于七星石的东北方向，用以表示满族入主中原后，仍是华夏一员，有华夏一家、江山一统之意。

（二）一柏具一态，巧与造物争

天坛里的古柏群是举世闻名的，被人们誉为“活文物”。美国前国务卿基辛格博士在参观天坛时说：“天坛的建筑很美，我们可以学你们修建一个，但这里的古柏，我们就毫无办法得到了。”确实，“名园易建，古木难求”。所以天坛的古柏群和长城、故宫一样，是十分珍贵的国之瑰宝。

天坛内有古柏3600多棵，是北京地区面积最大的“古柏林海”。大多种植于明代，距今已五百多年。最古老的几棵已八百多年（在宰牲亭东边一带，因这里过去是金中都的东郊朝日坛遗址，这几棵古柏是当年的遗物）。古柏常青长寿，木质芳香，经久不朽，故为吉祥昌瑞之树。我国的很多地方，人们都视古柏为“神柏”。而古代的帝王们，更是把柏树种植在各种祭祀的皇家坛庙、皇家园林以及帝王陵寝等处，以示“江山永固，万代千秋”之意。我国的很多名胜古迹中都有古柏，像陕西黄陵县桥山的黄帝陵、山东曲阜孔庙的孔林等处，都有大面积的古柏。北京的天坛、中山公园（社稷坛）、劳动人民文化宫（太庙）、北海、景山、中南海、故宫的御花园、孔庙、颐和园、香山、八大处、十三陵等处的古柏群，也都驰名中外。天坛是祭天的地方，广植柏树也是附《周礼》中“苍碧环天”的意境。当游人漫步在丹陛桥（又称“神道”）上，瞻望两边的古柏林海时，顿感庄严雄浑，气象万千，其中名柏有“九龙柏”“槐柏合抱”“迎客柏”“问天柏”“莲花柏”“卧龙柏”等。

“九龙柏”巍然屹立在回音壁外西北侧，高达18米，胸径3.8米，是明永乐十八年（1420年）种植的，距今已五百八十多年。它的特点是：躯干上突出的干纹从上往下纽结纠缠，像数条巨龙绞身盘绕，所以得名“九龙柏”。在明清两代，皇帝到天坛的圜丘台祭天时，正巧要路过此柏，因此又称为“九龙迎圣”。相传皇帝在祭天时，有九条金龙在空中盘旋，待祭天完毕，它们又附到柏身。“九龙柏”这种奇特优美干纹的古柏，在全世界仅此一棵，故十分珍贵，

可谓“世界奇柏”。

“槐柏合抱”矗立在祈年殿东侧，在一巨柏的粗干中央又生长出一棵高大的国槐来。槐柏两树，青黛交映，情趣盎然。它们已共依共生三百多年，是北京著名的“古柏奇观”之一。

“迎客柏”生长在回音壁外西北侧坛墙的一座圆月门旁，它的一个大枝沿水平方向生长延伸，正巧横在月亮门上。游人进出此门必须要从大枝下穿过，这可是名副其实的“迎客”。

“问天柏”高耸在回音壁外西南侧，它树冠上的一个大枯枝节斜仰倒下，仿佛是一个人在仰天长叹；大枯枝上伸出一个小枯枝直立向上，好像人的手臂正怒指苍天。人们觉得其姿态很像我国春秋战国时的楚国爱国诗人屈原在悲愤地“问天”。

“莲花柏”挺立在宰牲亭东北侧，它已八百多年，其粗干周长达 6 米多，它巨干的内部已空心，人可以进入。因它粗干周围生长着一圈大树瘤，远远望去，仿佛是一朵巨大的莲花，故而得名。“卧龙柏”横卧在祈年殿西南方，昂首摆尾，姿态奇绝。

天坛的古柏“一柏具一态，巧与造物争”，它们也是北京古都风貌的代表。今天，从环保意义上来看，天坛的古柏群是北京地区面积最大的“城市森林”，是闹市区中的“肺”和“肾”。对清除大气污染，还首都一片蓝天起着重要作用。在每天清晨，都有大批的首都居民到天坛的古柏林中晨练，而天坛公园管理处也早已开始为市民办理月票服务，颇得民心，使得天坛真正成为民众乐园。

（三）天坛里的孝母神草

天坛以前盛产益母草，益母草可制成益母膏，一度为北京名产，曾被洋商看中，是我国最早的出口商品之一。民国以前，天坛里还住着几家卖“益母膏”的药店，民国以后迁出了天坛。

益母草嫩芽可以当菜吃，叫作“龙须菜”；长大了、成熟了，可以用茎子、叶子熬药，是治妇女病的一种有效药，叫“益母膏”；种子也是妇科药，叫

作“茺蔚子”。天坛里怎么这么多益母草呢？民间流传着这样一个故事。

传说早年没有天坛，这里还没圈在城里时，是一大片黄土地，住了好多庄稼户，他们也是耕种锄刨地从地里找粮食。有一家姓张的庄户，老头子死得早，剩下一位老大娘，没儿子，只有一个十六七岁的闺女，母女俩过着缺人少钱的苦日子。老大娘因为思念丈夫，又发愁没人给她们种地，时间一长，就生了病，一天比一天严重。张姑娘着急了，请了多位医生，吃了无数的药，怎么也不见效。就在秋天庄稼收净了的时候，张姑娘打好了主意：到北山去找灵药。还是在她小的时候，就听长辈们说，北山的深山老峪里，灵药可多了，只要不怕爬山，找到这种灵药，什么重病都能治得好。虽说路途遥远，可救母心切，她托付隔壁的一位大娘替她照管母亲，自己带上干粮就出门了。

她想：北山一定在北边，就朝北走。这一天，来到了一座山口，张姑娘正想：是不是进这座山口呢？就瞧见山口里走出一个白胡子老头儿。老头儿瞧见张姑娘，说：“姑娘，你到深山老峪里干什么去呀？”张姑娘就把妈妈怎么有病，自己要到北山找灵药的事说了一遍，又问白胡子老头儿：“老爷爷，这山里有灵药吗？上山怎么走呀？”老头儿笑了笑，向山里一指：“有，姑娘，你打这儿上山，左拐七道弯，右拐八道弯，饿了吃松子，渴了喝清泉，瞧见地上天，灵药到手边。”张姑娘听老爷爷唱曲似的说话，她不懂什么叫“瞧见地上天”，刚要问，那白胡子老头儿早就出了山口，走远了。

张姑娘上山后，真往左拐了七道弯，往右拐了八道弯，饿了捡些地上的大松子吃，渴了就趴在山泉旁边喝点清水，困了就在山坳里睡一觉，醒了还是往山上走。记不得走了多少天，走到了一个小山顶上，山顶有一个小水池，池子里的水清极了，天上的一缕缕白云，都照到池里了。张姑娘正在这里发愣，就听见身后有姑娘们的说话声。一回头，瞧见两个小姑娘朝她走来，一个穿的是一身雪白色衣裳，一个穿的是一身淡黄色衣裳，上面绣着白梅花，长得美极了。走近了，那个穿白衣裳的姑娘笑了，说：“姐姐，发什么愣？不认识我们这‘地上天’吗？”张姑娘一听说“地上天”，高兴极了，说：“妹妹们有灵药吗？快救救我妈妈吧！”穿花衣裳的姑娘说：“姐姐不用说了，白胡子公公都告诉我

们了。我这里有一口袋灵药，回家熬成膏子，给大娘吃了就好了。”说着，递过一个小口袋来。穿白衣裳的姑娘说：“这口袋里，还有灵药的种子，大娘病好了以后，姐姐可要把这些种子撒在地边上，让它自己生长，再有得了大娘这样病的人，就不怕了。”穿花衣裳的姑娘说：“姐姐赶快回家吧，我们不送姐姐了。白妹妹的话，姐姐要记住了！”张姑娘千恩万谢地向两位姐妹道了别，回身向山下走去。走了不远，张姑娘真舍不得这两个好心的姐妹，她想再瞧瞧她们，可她回头一瞧，哪里还有姑娘？只见一只白鹦鹉和一只梅花鹿，打“地上天”那里正往西飞。

说也奇怪，张姑娘来的时候，走了七天八夜，回去时眨眼就到家了。张姑娘把灵药熬好，给母亲吃了，没过几天，母亲病好了，张姑娘和邻居们都大为惊喜。张姑娘把口袋里的灵药种子，撒遍了这块土地，春天长出了深绿色的嫩芽，夏天又长成了灵药，秋天灵药又结了种子，一年比一年多。妇女们有病的，便照着张姑娘传的法子，熬灵药治好了病。灵药叫什么名字呢？大伙儿说：“好心的姑娘，千辛万苦地找来了灵药，给母亲治好了病，咱们就管它叫益母草吧。”“益母草”的名字，就这样流传下来了。

后来，不知道又过了多少年，北京有了皇上，皇上要拜求老天爷保佑他，就在这块长着益母草的土地上，盖了一座天坛。天坛盖成了，天坛里的空地上，还长着茂盛的益母草，皇帝生气了，说：“我这拜天的天坛里，哪许这么长野草，全给我拔了去！”这时候，有一个他妈妈吃过、他老婆正吃着益母草的大臣，就跟皇帝说：“皇上，这不是野草，它叫龙须菜，皇上不是龙吗？要是把它都拔净，皇上您就不长胡子了。”就这样，天坛留下了益母草。从此，益母草的嫩芽，就叫龙须菜。

当然，传说归传说，笑话归笑话。其实，益母草本是野生的，明朝时候，天坛神乐观的道士将野生药草移到天坛内刻意栽培，发现其长得更好，药效更大，因此益母草就在道士的吹捧下成了天坛传奇之一。如今，天坛里已经不再种益母草。

四、揭开天坛神秘的面纱

任何事物之所以吸引人，最大的魅力就是它有一种神秘感。即使知道了魔术师是怎么变出钱币的，人们还是宁肯相信那是奇迹。祭天的起源也许功利，天坛的建筑也许苛刻，但这就是奇迹。

（一）祭天的源头

原始时代的人类因为敬畏自然的力量，发展出崇敬天地山海各神的神曲仪式，迄今保留的还为数众多，如云南文山壮族的祭太阳，纳西族的春节大祭天，钦州一代的祭天神，南宁的祭江神，桂北地区的土主祭等等。至周代封建时期，逐渐形成独特的礼制建造城郭，根据准则规范人的行为，如《考工记》《礼记》。发展至明清，官方将敬奉天、地、日、月及风、雨、雷、电等自然现象皆视为国家重要祭典，依据对先圣先贤建造的坛庙式样，建造规制不同的坛台，而京师所在地的天坛、地坛皆由皇帝亲自主祀。其他府县级城除了少数结合民间传统信仰，设立亲民性的小型庙宇以外，大部分坛庙都隶属于国家，每年特定时节由地方官员主持祭祀，因为执掌这种对自然的祭祀权力，足以彰显朝廷皇权的正当性。北京天坛就是在此历史背景下建造的，作为皇帝祭天、祈雨及祈祷五谷丰收的礼制建筑。

据史料记载，中国古代有正式祭祀天地的活动，可追溯到公元前 2000 年，尚处于奴隶制社会的夏朝。而最具说服力的是商朝，郑州可能就是一个早期的祭祀中心，安阳则是商王统治了两个多世纪的地方。从殷墟考古资料来看，商文明不像是美索不达米亚那样的人口稠密的城市文明，但它的祭祀中心宏大而复杂。在它们的中心地带有着巨大的宫殿、庙宇以及建于夯土地基上的祭坛，其中一个宽 26 英尺、长 92 英尺。围绕这个中心地带的是青铜匠、陶器匠、石匠和其他手艺人居住的工业区。往外则是一些建在洼地上的小房子，最外面则是墓地。

中国古代帝王自称“天子”，他们对天地非常崇敬。历史上的每一个皇帝都把祭祀天地当成一项非常重要的政治活动。而祭祀建筑在帝王的都城建设中具有举足轻重的地位，必集中人力、物力、财力，以最高的技术水平、最完美的艺术形式去建造，这样不仅显示对天的尊敬，更为了显示皇权天授，以维护统治，笼络民心。在封建社会后期营建的天坛，是中国众多祭祀建筑中最具代表性的作品，也是皇权集中的表现形式。

（二）天坛里的时空

天坛作为我国现存最大的古代祭祀建筑群，是一种为了保护劳动而进行的祭奠，是以建筑为形式对自然的探索与发现，是以物质为载体对人类感情的抒发。如今，经历漫长的膜拜天地的历史之后，人类终于赢来了“战天斗地”的心理解放时代。蓦然回首同样发现：即使在既往的蒙昧岁月里，人的精神也是不朽的。以祈谷坛的祈年殿为例，它本身就是一幢时间的建筑，使时间具象化了。一年四季分十二个月，一个月有三十天，每天十二个时辰，这些都能在柱子数目和内殿周长上找出依据：殿内周长三十丈，象征每月三十天；将殿内中层与外层两排柱子相加，数目是二十四，代表一年春夏秋冬的二十四节气……祈年殿是一座象征性的建筑，更是一门象征性的艺术，这是一块时间的庄园。

“天”作为宇宙的君王、时空的主宰，借日月星辰、风雷云雨而显形，这是一张表情丰富的面孔，更令人敬畏的是它变化多端的心情。它对人类生活产生最直接的影响是农业，阳光与雨水是植物的灵魂，而农业在当时无疑是一个民族生存条件的基础，也是其精神状况的命脉。于是中国人把握天意的规律，发明了农历，一年四季，十二个月，二十四节气。可以说这是最早破译时间奥秘的民族之一。而通过建筑把这些元素融合，既是一种智慧，更是一种勇气。

祈年殿前的回音壁，想必听够了先民们对命运重复的呼唤，这一代又一代虔诚的嗓音，此起彼落，山鸣谷应，仿佛时刻期盼着丰收能从天而降，幸福能破壁而出。这自远古传递过来的声音，珍藏在墙壁的记忆里，今天又回响在我们的耳畔。徘徊在天

坛那著名的回音壁前，你会觉得跟历史只有一墙之隔，甚至一纸之隔……这是天堂的隔壁，这是历史的邻居。祈年殿的顶瓦和天坛坛墙的墙顶瓦是蓝色的，圜丘坛初建时坛面为蓝色琉璃砖，皇穹宇、皇乾殿等建筑的屋顶都用蓝色琉璃瓦，这些设计都是以蓝色象征天空，以此加重了人们进入天坛后对“天”的感觉与敬重，祈年殿三重攒尖顶逐层向上收缩，象征与天相接。

人们置身于天坛，方方正正的围墙，圆圆的屋顶，举目无际，四方无边，胸襟开阔，神清气爽，连眉目也为之舒展。顺着丹陛桥而上，又仿佛步入天宫，轻灵飘逸，当历史的声音还在耳边回荡，你已经走进时空隧道，与苍天近在咫尺，风飘飘而吹衣，羽化成仙。天坛像巨大的磁场，吸引万物，囊括一切。有限的建筑空间在这里获得了恒久的价值，无限而难以捉摸的空间在建筑里变成了具体而略微可以把握的现实操作，时间、空间二者相融，构架出一幅波澜壮阔的时空图。

（三）天坛里的易学

天坛占地276万平方米，被认为是离神最近的一块人间净土，是神与人通话的庄严之地。在偌大的北京城里，恐怕只有天坛堪与金碧辉煌的皇宫（紫禁城）相抗衡，这分别是对神与人的地位给予最高级敬重的两组建筑。而后者努力成为前者的化身：君权神授，人权隐含有天意。“天”于中国古代文化之重要有如西方的上帝，只是没有人格化而已，祭天在中国历代帝王文化中都占有十分重要的地位，区别只在于祭天场地的大小，仪式规模的不同。现存最完备、规模最大的皇家祭天场所便是天坛，而该坛的建筑规划和布局也处处体现出中国古代文化思想精髓——易学的影响。

古代说“天圆如张盖、地方如棋局”（《晋书·天文志》），认为天圆像张开的伞，地方像棋盘，日月星辰都在其中变化复始。天坛建筑集中表现出“天为阳、地为阴”“天圆地方”“天人感应”“天人合一”等中国古人对“天”的理解，从位置的选择到建筑设计，无不依据古代《周易》阴阳五行等学说，着

力创造一种人和“天”对话的理想氛围，把古人对天的敬畏与崇敬表现得淋漓尽致，处处展示中国古代特有的寓意、象征艺术表现手法，包含了深刻的文化内涵。

原北京古城区规划，天坛在南、地坛在北、日坛在东、月坛在西，与八卦方位完全一致。天、地两坛相对偏东（中轴线东），以示“紫气东来”之意，日、月两坛则基本上是正东、正西。外四坛中只有天坛在城内，以示对天的重视。

中国“天圆地方”的宇宙观源远流长，自伏羲时代就已经产生，在距今五千年前的辽西红山文化遗址中，已经发现了最早象征天地的天圆地方祭坛。《易经·兑卦》说：“乾为天，为圜。”因此，天坛的建筑祈年殿、圜丘坛等都是圆形。体现了古人“天圆地方”的思想（地坛建筑以方为主）。天坛北沿为圆弧形，南沿与东、西墙成直角，呈方形，北圆南方；祈年殿立于圆形基座之上，大殿为圆形攒尖顶，围墙方形，上圆下方；圜丘坛内圆外方，都是“天圆地方”思想的体现。“天圆地方”的说法反映了古人对自然界的初步认识。

在阴阳学中，“规为天，矩为地”，以“大环在上，大矩在下”表示天圆地方，因此也有人指出“天圆地方”实为测天量地的方法，在此不作学术辨析。中国古代统治者在承载这一思想的天坛中祭天正是为了不忘天地“规矩”。连接圜丘坛与祈年殿的丹陛桥南低北高，祭天时皇帝从南天门进入，寓意先后有别方能步步高升，即冬至祭天崇天道在先，孟春祈大地五谷丰登、万物葱茏在后。因此，体味古人对中国哲学宇宙观把握的用意，由南至北为天坛最佳游览路线。古人为什么把冬至祭天放在先？古人根据对天的观测发现，从冬至这一天起太阳开始向北移动，天由阴转阳，万物复苏，所谓“一阳资始，万物更新”，总结为《易经》乾卦卦辞的一般理论，即是“乾，元亨利贞”，意思是乾为天，尊天要顺从天道，于是元初安泰，亨通顺利，普受恩泽，永保太平。这一重视初始尊天顺天以至会影响未来的思想，以围绕圜丘坛东南西北的四座坛门体现出来，它们分别是泰元门、昭亨门、广利门、成贞门。就这样，《易经》中的宇宙观思想在天坛整体布局与具体的建筑构制中被表现出来，成为后人取法天地而景仰的所在。

（四）九九归一：祭天大典

明清祭天大典大致分九项仪程，各项细节都有严格规定，如对预祀百官、善客、礼赞者、乐者、供奉牺牲、酒尊礼器的位置和诸神座位的规定，方位、等级皆井然有序。祭祀礼节繁琐而复杂，清乾隆时期，祭祀大典程序64道，规模宏大，场面隆重。乾隆皇帝在位60年中，亲自到天坛行礼59次。他中年时常从紫禁城步行到天坛举行祭典。80岁时，因祭天大道过长，乾隆体力不支，还专门在路侧开辟“花甲门”。

祭天大典分为准备和典礼两个阶段。准备期间，皇帝要在斋宫斋戒三天。清雍正时，因怕被人刺杀，改为先在大内斋宫斋戒两日，最后一天再到天坛斋宫斋戒。每年冬至祭天前三天，按“斋必变食，戒必迁坐”的古礼制，皇帝必须先期到天坛斋宫内独宿三昼夜，在这三天内，帝王不得饮酒娱乐，不得吃荤腥葱蒜，不得近女人，不理刑事，多洗澡，这就叫作斋戒，又叫致斋，是出于对皇天上帝的虔诚。

斋戒至冬至日出前七刻，现在的凌晨四点多，晨曦微露，迷蒙天色，西南的望灯杆望灯高悬，点燃蟠龙通宵宝蜡，奏报时辰，皇帝起驾，皇帝自斋宫进入祭坛，由昭亨门进入，到具服台盥洗更衣，神牌都送到台面相应的位置，也就是七组神位，称作七幄；太和钟鸣，庄严素雅的天坛建筑一字排列在正南方，五座燔柴炉中火焰簌簌有声，圜丘坛前燔柴炉上放一只牛犊，松枝燔烧，噼啪作响。祭天台台南广场上皇宫庞大的乐队伫立在北方凛冽的寒风中，等候那个非常时刻的到来。随着大麾摆动，中和韶乐兴起，钟缶齐鸣，皇帝率领众臣鱼贯而出，皇帝由南棂星左门毕恭毕敬地登上圜丘坛，这时钟声停止，帝王到了第二层南侧祭拜位置站好后，听候司赞人报仪程。祭天大典就正式开始了。

第一项为燔柴迎帝神。赞引官高唱“燔柴迎帝神”，声音高亢清远，执事人员将一整只牛犊置于燔柴炉口，炉火熊熊，照亮天际，唱乐官高唱“乐奏始平之章”，韶乐乐队开始奏乐，钟鼓齐鸣，气势非凡。皇帝在导引官带领下，身着蓝色祭服，神情专注，到皇天上帝位前，一上描金龙沉柱香，二上捧瓣香，然后依次到列祖列宗神位前行礼。

第二项为奠献玉帛。皇帝将圆形苍璧敬献给皇天上帝，这也是祭天礼仪的重要标志之一。苍璧玉为青色，品质卓绝，古人以为玉有五德，即“仁、义、礼、智、信”五种美德，所以选择玉作为敬献给上帝的礼物。除了玉之外，还有丝质的帛，皇帝将蓝色的上边绣织金字的帛放在筐盒之内，再将苍璧放在帛上一并献给崇高的皇天上帝。

第三项为进俎。俎是一种器皿，里面盛放一只牛犊。由执事人员将牛犊放入俎内，陈放在神位前，由浇汤官将滚烫的汤水浇至牛犊身上，一时香气四溢，热气弥漫，上帝及祖宗便能享受到人间的供奉。祭天礼仪独有的特征是燃柴焚牛。燃炉内点燃事先备好的特制“马口柴”，将预先宰好的体无杂色、角如蚕茧的牛犊，放到炉上烧炙。据说由此而散发的香气随着烟气冲入天空，皇天上帝闻到这种香气，即在烟云飘逸、火光摇红中降临神坛，与天子互通声息，并可由此而降福人间。

第四、五、六项为初献、亚献、终献，就是向皇天上帝及祖先敬献美酒。初献时，舞生们跳武功舞，歌颂武备健全，力量强大。亚献、终献时，舞生们跳文德舞，歌颂文治太平，舞姿舒展优美，进退有序。舞生们身穿红色锦绣的上面印有金色葵花的舞衣，在空灵的中和韶乐伴奏下，在黎明前的天光中，舞给上帝看。

第七项是撤馔。仪式结束时，将众多的供品从坛上撤下，然后按尊卑次序送到燔柴炉及燎炉内焚烧。

第八项是送帝神。将玉、帛、香等物品撤下，送至燔柴炉焚烧口。

第九项为望燎、进熟。要将神位前的贡品分别送到燔柴炉和燎炉（圜丘坛共有 12 座燎炉）。焚烧也要看燃烧迹象，烟雾腾空，象征着送到天庭。而后还要将牛尾、牛毛、牛血送到瘗坎掩埋，象征不忘祖先茹毛饮血。皇帝亲自到燎炉位观看焚烧的过程以示虔诚，此谓“望燎”。

如今，我们观看小房子大小的燔柴炉，仿佛仍能感觉到它燃烧的余热。不知当年看着直冲云霄的火焰，贵为天子的帝王在想些什么，而那些焚烧的物品又带走了多少祈愿。当祭天大典结束，皇帝如释重负，在紫禁宫内大宴百官及四夷朝使，读诏官在天安门上朗读皇帝诏书，大赦天下，普天同庆。

五、天坛以外，文化以内

祭天是一种仪式，祭天的供馔是一种饮食文化，民以食祭天，民以食为天；天铸良器，雅乐回天，历史辱没了天坛的荣耀，现代造就了天坛的复兴。在天坛以外，仍有那供品的余香，仍有那双簧的谐趣，仍有那雅乐的悠扬，还有那历史与现实的激荡。

（一）前门大街的老字号

前门大街历史悠久，是北京古老的商业街道。清代乾嘉时期前门商业区，大栅栏周边地区店铺如林，商贾云集，陆续出现许多京城老字号，如全聚德、瑞蚨祥、内联升、都一处、同仁堂等。游人如织，热闹非凡。民国以后，以卖酱羊肉著名的月盛斋也迁到前门大街。这时由于建立了前门火车站，每天大量的旅客使前门大街更为拥挤，其繁荣程度不亚于现代的步行街。久居北京的人，大都听说过“买鞋内联升，买帽马聚源（盛锡福），买布瑞蚨祥，买表亨得利，买茶张一元，买咸菜要去六必居，买点心还得正明斋，立体电影只有大观楼，针头线脑最好长和厚”的顺口溜。老字号应运而生，济世养生，满足官民所需，衣食住行，娱乐休闲，无所不包。它们能屹立百年，经久不衰，靠的是信誉，靠的是实力，靠的是对皇天后土那份执着的信仰。诚信经营，不赚昧良心钱，是老字号的原则，也是值得当代商人借鉴的宝贵经验。

值得一提的是，老字号中与祭天仪式相关的品牌。祭天的传统在中国源远流长，其实不光皇家祭天，民间也有祭天还愿一说。但是，祭天还愿也因家庭经济情况不同而有所差异。王府皇城、大富人家讲究祭天的气派。在祭天结束，天神、代表天神的牌位享用完供馔以后，一些不须烧掉的食馔又回归到人间享用。祭祀者要分享祭祀所用的酒醴，因为由帝赐福于天子，后世就称为“饮福”。天子又要将祭把用的牲肉赐给宗室臣下，称“赐胙”，这又是分福的含义。如果原封不动把它拿来供人们食用，难以下咽。所以在饮食文化发展的过程中，古人发挥自己的才智和创造力，不断改进烹饪技术，把一些祭祀食品变成人们生活中的美味佳肴，并由此而创建了一些享誉中外的老字号。

比如，北京西单牌楼北缸瓦市的砂锅居饭庄的京味白肉就源于祭祀后皇帝赏民的白条肉。因为这祭祀的肉实在不好吃，又不许放调料，所以剩下的也多。最早的办法就是赏给看街的，或者赏给杆上的，也就是乞丐头。缸瓦市一带有礼王府、皇王府以及很多官僚府第。这些府接二连三祭祀，剩下肉就赏给看街的，看街的在这搭个棚子弄个桌子，添点碗筷，卖这些肉，这就是砂锅居的原型。看街的死了之后，他的后人跟东四牌楼姓刘的和顺居白肉馆合并，买卖越做越好。和顺居牌子挂出去了，可人们仍习惯喊它“砂锅居”。老北京人都知道砂锅居“过午不候”的特点，上午八点开门，十二点就摘幌子不卖了。本来祭神的白肉很难吃，可经砂锅居一制作，别有风味。如今，已成了百年不衰的老字号，名扬天下。

再比如，天福号的酱肘子源自祭天祭品中的“脉肘”，六必居的美味酱菜和祭祀食品中的“范”同居一类。祭祀时一些面点雕刻有吉祥图案（鱼、香炉、龟兽等）和以王号命名的年月（如乾隆十八年）等，流传到民间就形成了精致糕点，正是由于后人发挥了自己的智慧和创造力，中华饮食文化才得以传承和弘扬，并且在这一过程中得到发展。

饮食文化是天坛祭天文化的重要组成部分，依托古代祭天礼仪而传承下来，并保留了历史原生态的祭祀食品，展示了三千年前中华民族优秀的饮食文化，具有珍贵的、独特的历史文化价值。

（二）祭天大典中的笑声：双黄戏的传说

提起祭天饮食文化，这里还有一个笑话。说是清咸丰九年（1859 年）冬至，皇上祭天，在祭天大典有一个读祝官，就是现在的司仪，一般由礼部侍郎担任。这是个肥缺，俗话说：心到神知，上供人吃。祭天大典完了之后，所用祭品归他处理，每回都能赚几万银子。

这年的读祝官叫黄桐，是新上任的礼

部侍郎。他是个捐班，三万两银子捐了个礼部侍郎。可是，冬至前一天，他犯愁了。黄桐嗓子不太好，但祭天的时候，读祝官得喊，那年月又没有麦克风，全凭肉嗓子，必须嗓音洪亮，一嗓子出去，整个祭坛都得听见。

黄桐正在屋子里转弯子呢，就听门口一声“豆腐”，这吆喝音深似海，洪亮似钟，几层院子全透了。黄桐灵机一动：“来，把门口卖豆腐的叫进来！”卖豆腐的进来，“给老爷请安。”“你叫什么？”“回老爷话，我叫黄津。”黄桐心说：冲这名就比我值钱，我叫黄桐，他叫黄金，怪不得比我嗓子好呢。“黄金，我打算照顾照顾你。”“好，谢谢老爷，您要多少？炸豆腐、冻豆腐、干豆腐、鲜豆腐全行。”“嘿，我用那么些豆腐干吗？你呀，别卖豆腐了。”“老爷见笑了，不卖豆腐小民吃什么？”“吃大典。”“大点，老爷，点大了发苦，没法吃。”“噢，点豆腐呀，不是，是让你到祭天大典当差替我喊话。”“怎么喊？”“你站前边，我蹲后边，我说一句，你喊一句。这事办好，比你卖豆腐强。试试吧。我先说一句，你学一学，仪程开始。”“仪程开始（学嘶哑）。”“嗨，别学我这味儿。你平时怎么喊的？”“平时，哦。”“仪程开始，迎帝神。”“迎帝神”“奠玉帛”“奠玉帛”，这黄津练习得很不错。

到了冬至，日出前七刻，香烟缭绕，鼓乐齐鸣，吉时已到，大典开始。皇上主祭，百官陪祭，台上边站着黄津。黄桐蹲在他身后，小声说：“仪程开始。”黄津真不含糊，收小腹抖丹田：“仪程开始。”嗬，这嗓子叫一个干脆，加上天坛有回音，嗡嗡转三圈，绕回来震耳欲聋！皇上心说：嗯，黄桐嗓子不错，有气派。台上俩人，谁也没看出来。仔细分析，原因有三：冬至日出前，天色不亮；祭天大典，皇帝不能环顾左右，而百官在皇上和皇天面前更不敢抬头；黄桐用钱打通左右，能看清的小官都不敢声张。

第二句：“迎帝神。”皇上一听，嘿！又长一个调门，欲加赏赐。可谁知前边几项都挺顺当，到吃祭肉时出错了。这祭肉用白水煮，还不能熟，半生不熟，一点味都没有，咽不下去。有人出了主意，每人预备张纸托着，这纸用酱肉汤泡过，舔舔纸就有味儿了。到吃肉的时候，上至皇上下至亲王郡王贝子贝勒，全是一边吃一边舔。

黄津头回吃祭肉，又没预备酱肉汤泡的纸，咳，难吃，呸，吐了。黄桐一瞧，哟，怎么给吐了？赶紧说："哎，别吐哇！"黄津一挺胸："哎，别吐哇！"皇上纳闷：怎么来这么一句？黄桐也急了："没这句！""没这句！""不对！""不对——""照在家教你的词说！"气得黄桐往一边一站，"嗨，你原来怎么喊的？"黄津被这架势吼住了，一捂耳朵："豆腐——"哎，他又卖上豆腐了。

据说，这就是历史上最早的关于双簧戏的由来，由祭天还发展出一门艺术，不得不让人称赞老天善意的安排。

（三）历史的回音——中和韶乐

自古以来，中华文化祀乐舞不分，有祭祀必有音乐和舞蹈。天坛是皇城北京远播世界的名胜古迹，是我国古代皇帝祭天的神圣之所。乐舞作为祭天礼仪的重要组成部分，受到历代封建君主的高度重视，并设立有专门的部门和官员管理，而天坛神乐署正是明清两朝留给后人了解古代礼仪音乐的"活化石"。

中华雅乐是亚洲音乐的源头，曾经在汉、唐时期就远播到日本、越南、老挝等国家。著名音乐家吕骥先生曾称赞天坛祭天音乐为"百年绝响、覆震寰宇"，以天坛祭天乐舞为代表的中国雅乐应该在世界音乐文化中占据它应有的地位。天坛祭天乐舞起源于商周时期的雅乐，历经三千多年的发展演变，源远流长。至明代初期形成了完整的祭祀音乐体系——中和韶乐。清代作为中国最后的封建王朝，更是承袭了明代中和韶乐的精华，使祭天乐舞的技艺达到了最高峰。

明初洪武皇帝在南京郊祀坛西建神乐观，此即神乐署前身，是用以培训祭祀乐舞生的。朱元璋笃信道教，他深信道士的清净生活能与上帝交往，故而将道士参与祭祀定为祖制。洪武十二年（1379年）十二月癸亥朔，"神乐观成，命道士周玄初领观事，以乐舞生居之"。神乐观建成后，朱元璋立神乐观碑记其事，观内设提点（正六品）、知观（从八品），专管乐舞生以供祀事。明永乐十八年明成祖迁都北京建天坛时，仿南京旧制建神乐观，当时随驾北京的乐舞生有300名，到明嘉靖年间，神乐观的乐舞生总数

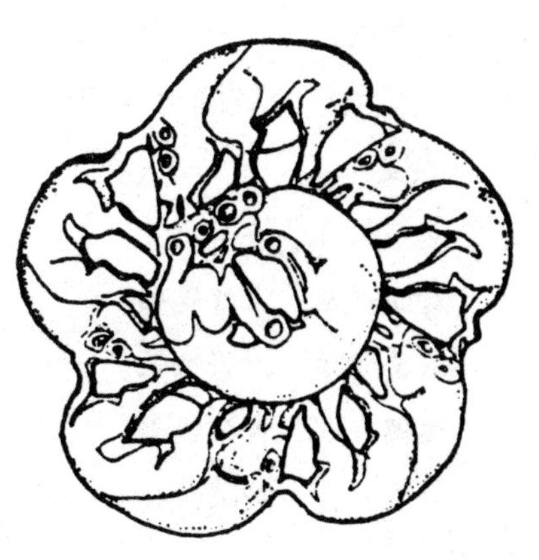

达到2200名。

乐舞生又称“敬天童子”，负责演奏祭祀时的雅乐，明朝均选用年少俊秀的道童和公卿子弟，清初以道童充任。乐舞生分为乐生、文舞生、武舞生和执事乐舞生。其中，执事乐舞生分管祭祀时焚香、司炉等事项。清顺治元年（1644年）乐舞生定员为570人，分为乐生180名，文舞生150名，武舞生150名，执事乐舞生90名。神乐观作为当时皇家专用的乐舞学府，其人员之盛、规模之宏大均令人赞叹。

清乾隆十九年（1754年），改神乐观为神乐署，设署正1人、署丞2人、协律郎5人、司乐25人。天坛大祀演礼在祀前40日开始，每逢三、六、九日，由太常寺堂官率领乐舞生在神乐署凝禧殿举行演礼。

中和韶乐的总谱如下：

击柷三声，以起乐。

每奏一句，击镈钟一声，以宣其声。

每奏一字，歌声未发，先按谱击编钟一声，以宣其声。歌声协律歌一字：排箫、笙、笛、箫、篪、埙各按谱弹一声，瑟按谱弹二声（左右两手并鼓之）。歌声（每歌一字）将歇，按谱击编磬一声，以收其韵。

每句将阙，击特磬一声，以收其韵。

次击应鼓三声（每应鼓一声）拍搏拊二声以应之（三应凡六声）。

每章阙，栎敔三声以止乐。

我们看一首乾隆七年的乐诗，简单了解雅乐的韵律节奏与人文内涵。

原文

於穆穹宇，在郊之南。

对越严恭，上帝是临。

茧栗量币，用将悃忱。

惴惴我躬，肃肃我心。

六事自责，仰彼桑林。

译文

看这巍峨的天坛啊，屹立在都城南郊。

怀着更大的敬意啊，帝神们定会来到。

呈上祭牛和玉帛啊，以表我真心诚意。

我仍是忐忑不安啊，仍然要恭敬祈祷。

国事艰难，我反躬自省，但求庄稼丰收，百姓富饶。

和谐而歌，合拍而舞，节奏鲜明，寓意深刻。通过诗文，我们不仅能欣赏美妙的雅乐，也能了解深厚的文化底蕴。“雅乐”实际上是直接与“礼”联系在一起的祭祀音乐和典礼音乐，也就是古代祭天地、神灵、祖先等礼乐中所演奏的音乐，取“典雅纯正”之意。雅乐是中华仪式音乐的代表，在悠悠三千年的漫长历史长河中一直保持了肃穆、典雅、优美的风格，以其东方特有的乐舞形式，融礼、乐、歌、舞为一体，用音乐同昊天对话，以舞蹈欢娱上苍神灵与列祖列宗。史称“中和韶乐”。中和韶乐历代相沿，伴随着皇家重大祭祀活动而展开。

2005 年 1 月 1 日，投巨资修缮一新的天坛神乐署向公众开放。开放后的神乐署结合其历史功用，以弘扬传播中华雅乐为宗旨，向游人广泛推介中国古代皇家音乐知识，向游人展现三千年前的中华雅乐。古代琴、瑟、鼓、笛、箫、埙等数百件乐器纷纷在乐坛上亮相，现代人身着古装，用不同乐器演奏古代词曲、乐律，在视听效果上有一种令人“返璞归真”的感觉，这种现代与传统的结合，从一个侧面展示了中华民族厚重的文化底蕴。2006 年 12 月，中和韶乐被列入北京市首批市级非物质文化遗产名录，受到社会的广泛关注。中和韶乐与神乐署不可分割的密切联系使我们对天坛代表的中国古典文化又多一份敬意。这是我国音乐文化遗产宝库中独有的奇宝，所谓“华夏正声”即中华五千年文明的见证，是中华民族音乐理论的最高表现形式。

华表

华表，这一中华民族的传统建筑物，有着相当久远的历史。雄伟的天安门前就矗立一对高大的汉白玉华表，它那挺拔笔直的柱身上雕刻着精美的蟠龙流云纹饰；柱的上方横插着一块云形长石片，一头大、一头小，远远望去，似柱身直插云间。它与石狮子、金水桥，配合主体工程天安门，构成一组和谐的古建筑群体。

一、华表的含义和起源

（一）名称和置放位置

华表的名称《史记》有如下解释："木贯柱四出名桓，陈楚俗桓声近和，又云和表，则华与和又相讹也。"《汉书·伊赏传》："'射垣木之表。'注曰：盼遂案：垣当为桓，形之误也。说文木部：桓，亭邮表也。汉、魏名曰桓表，亦曰和表。"由此可知，华表最初称"桓表"；后因"桓"音与"和"音相近，又称"和表"；"和"又与"华"音相近，又称之为"华表"，华表遂逐渐成为最通俗的称谓。

华表置放的位置，通常主要有以下三类：第一，立于皇宫门外，象征皇帝纳谏。如《史记》："……宫外桥梁头四植木是也。"这里所说的"桥梁头四植木"就是华表。华表立于宫门外，自上古尧舜延续至明清帝王。第二，立于交通要道。《古今注》："大路交衢悉施焉。"第三，放于墓地前侧。汉代以来，华表除立于宫殿和道路外，也开始立于墓地。《史记·淮南王传》记载：西汉文帝八年，淮南历王刘长谋反，事情败露，刘长杀人灭口，把主谋不章杀死，葬于肥陵邑，竖表曰："开章死，埋此下。"这里所说的"表"，就是华表。《汉书·原涉传》亦载：汉哀帝时，游侠原涉扩大先父坟，"买地开道，立表"。从现有资料来看，东汉时期墓前华表广泛流行，多用石质，又称为石柱。据《水经注》记载，东汉桂阳太守赵越、弘农太守张伯雅、安邑长尹俭等人的墓前均设有神道石柱，作为墓前神道的标志。

（二）"诽谤之木"

相传尧舜时在交通要道，讲究竖立木牌，让人在上面写谏言，名曰"诽谤木"，或简称

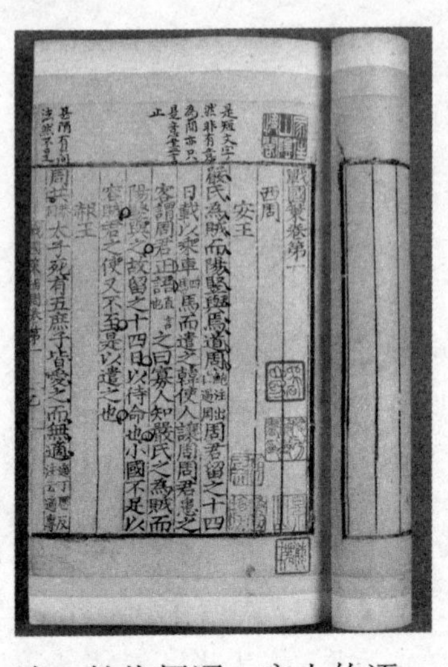
戰國策卷第一
西周
安王
嚴氏為賊而陽豎與焉道周周君留之十四
日載以乘車駟馬而遣之韓使人讓周周君患之
客謂周君正語之曰寡人知嚴氏之為賊而
陽豎與之故留之十四日以待命也小國不足以
容賊君之使又不至是以遣之也
赧王
周共太子死有五庶子皆愛之而無適

"谤木"，也叫"华表木"。有专人负责将木柱上的意见抄录后，呈给帝王审阅。到了汉代，"华表木"就发展演变为通衢大道的标志，因这种标志远看像花朵，所以称为"华表"，汉代还在邮亭的地方竖立华表，让送信的人不致迷失方向。所以"谤木"又被称为"表木""华表木"，这就是人们通常所说华表的起源。

华表最早的文字记载是《大戴礼记·保传》："……有诽谤之木，有敢谏之鼓。"《吕氏春秋》亦有书证："古者天子听朝，公卿正谏，博士颂诗，替裁师诵，庶人传语，史书其过，尤以为未足也，故尧置敢谏之鼓，舜立诽谤之木。之于善也，无小而不举；其于过也，无微而不改。"诽谤木一语下有注云："书其过失以表木也。"《古今注》也注云，谤木即"今之华表木也。"

华表木源起的背景，舜立诽谤之木的目的，它的性质、任务、作用，在《帝王世纪》记载得很清楚："舜立诽谤之木，申命九官十二牧，三载一考绩，三考默陆幽明。"显然，这里华表木的属性，是一种表达民意的舆论监督工具，同时也是一种王者表示接受舆论监督的工具。舜设立华表木的目的，就是通过这一工具，让民众对他的朝臣九官十二牧进行舆论监督，甚至用以决定朝臣们宦途的"幽明"。

《国语》："厉王虐，国人谤王。……王怒，得卫巫使监谤者，以告，则杀之。国人莫敢言，道路以目。王喜，告邵公曰，吾能饵谤矣。"这里讲的，就是舆论监督和压制舆论监督的残酷斗争。周厉王因此而落得个千古骂名。齐威王就不取他的败亡之道，据《战国策》载，齐威王采取的是欢迎舆论监督的政策："……群臣吏民能面刺寡人之过者，受上赏；上书谏寡人者，受中赏；能谤议于市朝，闻寡人之耳者，受下赏。"齐威王欢迎舆论监督，并没因此降低威信或损害其统治地位，反而收束了民心，使得齐国大治，他本人也因此成为后世百王之典型。综上述疏义，可以看出，诽谤木确属一种民众表达言论的工具，即一种舆论监督工具。

谏与纳谏，是中国帝制历史时期一项重要的政治制度。《讽谏木序》《讽谏木新序》《谏木丛》等疏义说，讽谏木、谏木即华表木，其之设也，《古今

注》指出："以表王者纳谏也。"《汉书》也指出："古之治天下，朝有进善之族，诽谤之术，所以通治道而来谏者也。"这些疏义都揭示了华表木的性质，即华表木是一种供民众发表言论的工具，又是一种王者接受舆论监督和民众进行舆论监督的工具！所不同的是讽谏木较之诽谤木更讲求舆论监督的艺术。

《国语》："吾闻以德荣为国华。"德，指木上的文德；华，指木上的文采。《吕氏春秋》疏义说："表，柱也。"即一种竖立的木头。在这种柱木上"书契"有文德文采的文字，始谓华表。它的创立者大舜说："书用识哉，所以记时事也。"这里所说的"书"，不是以纸帛为书写材料、以笔为书写工具的"书"，而是指以木为书写材料，以刀为书写工具的"书契"，即用刀在木上刻写文字。舜所说的"识"，是观看或阅读畲义上的"识"。舜所说的"记时事"，则指记录时事，即指用文字形式在华表木载体上刻写新近发生的事实的意思。

我们可以援引大量书证：《汉书》说："书以广听。"《太平御览》说："书者，言书其时事也。"《史记》注："虑政有网失，使书干木。"《淮南子》注："书其善否于华表木也。"《全唐诗》："华表柱头留语后，更无消息到如今。"《三国志·魏》说，曹操征乌桓，因下大雨而退兵，于路旁竖大木表，上书："方今署夏，道路不通，且侯秋冬，乃复进军。"这些都证明，华表木是一种用"写"的形式来记事表意的言论工具，又是一种以华表木为载体、以文字为传播方式的舆论监督工具。

（三）图腾崇拜

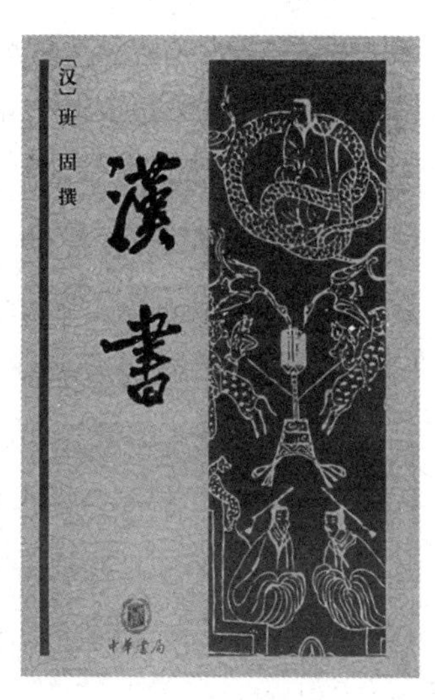

由于生产力水平的低下及科学知识的匮乏，我们的原始先民对"天"和"生殖"充满了敬畏和好奇。他们渴望与上天沟通，祈求风调雨顺，渴望多子多孙，于是有了很多的神话故事和传说，而这些神话和传说在现实生活中就形成了某些宗教礼仪和崇拜仪式。《国语·楚语》中提到："颛顼受之，乃命南正重司天以属神，命火正黎司地以属民，使复旧常，无相侵渎，是谓绝天地通。"于是"通天柱"就应运而生了。在四川大足北山石窟第136窟中，

就有一象征宇宙的石雕。该石雕分三个部分：上部为云雾缭绕的神仙世界；下部为巨龙盘绕的大地后土；而中部则为八根有蛟龙缠绕的通天神柱。每根柱子下都雕一站立的“神人”，似乎在教化其脚下的小人物，看得出这些小人物都是凡人，姿态各异，有叩头的，也有坐着聆听的。这八根神柱正是起到了支撑并沟通天地的桥梁作用，谓之“擎天柱”或“通天柱”。由此可知，八柱首先是起到一个支撑作用，其后是作为下达天意、上传民意的媒介。

在古代原始宗教活动中，还有许多祭天和通天的法器和礼器。在良渚文化遗址中发现的内圆外方的棱柱体玉琮，实际上就是象征通天柱之类的器物。《周礼·大宗伯》说：“以玉作六器，以礼天地四方。以苍璧礼天，以黄琮礼地。”它不仅是拥有政治权力和经济权力的象征，也是通天权力和与神交往能力的象征。而这种被认为具有沟通权力和能力的人，只能是有较高社会地位的权贵，或者被看成是半人半仙、半人半兽式的巫觋。

由此可以推断出“诽谤木”在很大程度上带有原始宗教的色彩，其作用首先是向民众公布神的意图和命令，其次才是听取民众的愿望和意见，以达到天与地相互沟通交流的“通天柱”作用。这从华表的艺术造型中可以得到印证：柱头处镶有云板，表示柱头已经伸到天上，象征通天的神柱。

中国古代的原始先民除了对“天”有着向往和崇拜之外，还对神秘的生殖有着强烈的好奇。从考古发现上来看，鱼、蛙、鹿、花等自然物都是原始先民最喜欢绘制的图像标志，这从某种意义上来看类似于“图腾”。图腾就是原始社会的人用动物、植物或其他自然物作为其氏族血统的标志，并把它当作祖先来崇拜。

图腾崇拜是人类最原始的宗教观念之一，在图腾崇拜的基础上，才进一步产生对祖先神的崇拜，而性崇拜中对于生殖器的崇拜，则是祖先神崇拜的内容之一。上述这些动物的一个共同的特征就是生殖能力旺盛，进而引发了女阴崇拜。

在经历了几万年的生活实践、经验积累后，原始先民发现只有男性生殖器和女阴接触，才会导致怀孕、生育，于是又兴起了男根崇拜。对男性生殖器的崇拜时至今日仍见其影响：刘达临在《中国古代性文化》中写道：“1988 年在

陕西宝鸡西郊福临堡仰韶文化遗址中，出土了‘石祖’‘陶祖’各一件。‘石祖’长约13厘米，男子阴茎状，系用青石稍加工而成；‘陶祖’长约5厘米，前端有小孔，形如尿道口，系捏塑而成，根部和两个睾丸粘接在红陶钵的内侧。”四川木里县大坝村有一个鸡儿洞，里面供着一个30厘米高的石祖。当地妇女为祈求生育，经常向石祖膜拜，并拉起裙边，在石祖上坐一下或蹲一下，认为这样和石祖接触后才能生儿育女。生殖器崇拜不仅以器物的形式流传于世，而且对中国的文字也有相当深远的影响。比如“且”字，实际上就是男根的象形。之后又出现了“祖”字。“祖”字左边的“示”在古代指神庙，“且”象征男根，所以“祖”实际上是以男根祭神之意，充分体现了男根崇拜。古人祭祖多用牌位，牌位就是木祖，其形状就是典型的“且”字。《史记·伯夷列传》中说：“西伯崔，武王载木祖，号为文王，东伐纣。”此“木祖”就是周文王西伯候的牌位，乃木且之遗。这些陶祖、石祖和木祖，实际上就是后来图腾柱和祖先牌位的原型。

原始的图腾形象和图腾崇拜是在当时先民们因生产力水平的低下，无法摆脱靠天吃饭的命运，无法超脱自然和精神上的恐惧和痛苦转而祈求美好事物而形成的一种原始宗教和神话观念。其中对祖先神的崇拜及一并带出的性崇拜的现象，则在母系氏族社会向父系氏族社会转型后显得更加突出。因此，在我国文明时代初期出现的所谓“通天柱”“擎天柱”，实际上都是由父系氏族制社会普遍存在的陶祖、石祖和木祖之类的阳具象征物衍生出来的变形。而为了达到传达天意、反映民愿的目的，在尧的时代就将这种通天柱冠以“诽谤木”的意味，以此来体现民主。

（四）测量工具

中国早在数千年前，已经产生早期形态的测量技术。据《史记·夏本纪》记载，夏禹治水时：左准绳，右规矩，行山刊木，进行测量。其中所提及的绳，是度量的工具，也可用作垂线；准是测水平和方位的工具；规矩可以绘图、测算；刊木又作表木、表。表即是测量用的表尺。表后来

或写为“标”，也有称为“度竿”的，即标有刻度的标尺。如宋人《武经总要》中所列之表，“度竿长二丈，刻作二百寸，二千分。每寸内小刻其分”，就是一种精度较高的标尺。除此而外，还有与表配合测量日影的“圭”尺。这些古代的测量工具如准、绳、规、矩、表等可以相互配合，完成较复杂的测量。如矩之几种用途，《周辞算经》中称：“平矩以正绳，偃矩以望高，复矩以测深，卧矩以测远。”

至春秋战国时代，中国古代测量技术已经相当发达，这一时期涌现的大量规模宏伟的都市、建筑、水利工程、军事工程等，都与测量密切相关。中山国一号墓出土的战国时代《兆域图》，是一幅绘制规范，比例约为1：500的工程规划图。而长三百里的郑国渠，引黄入沐的运河——鸿沟，沟通长江、珠江两大水系的灵渠，都离不开精密测量的巨型工程。湖南马王堆出土的西汉早期地图，则体现出先秦时代测量技术所达到的惊人水平。以上种种，无不证明中国古代测量技术和测量理论早在先秦时代即已发展成熟。因此，测量工具包括表木的运用，一定非常普及，当时产生的大量与测量工具有关的词语和比喻，如《淮南子·本经训》中的“抱表怀绳”、《吕氏春秋·不屈》中的“若施者，其操表缀者也”，都是从测量中引用表绳作为掌握标准的比喻，间接反映了表木应用的广泛。现在对于古代测量术的某些具体方法已经失传，幸存的少数资料又散见于浩瀚的古代典籍中，尤其古代数学和术数类著作中不乏价值很高的材料。

我们知道，中国古代建筑的平面形式，一般都是方形或长方形，所以运用“四隅立表法”的测量方式就非常适合，建筑方形的城、宫、宅均可使用此法。不仅如此，连军事上安营下寨也运用这种技术，《通典》卷一百五十七《下营斥候并防捍及分布阵》条：“定得营地，孽五军分数，立四表侯视，……各以本方下营，一人一步，随师多少，咸表十二辰……审子午卯酉，……其樵采牧饮，不得出表外。”同卷《行军下营审择其地》条中引《太公兵法》云：“安营阵以六为法，亦可方六百步，亦可六十步，量人地之，置表十二辰，将军自居九天之上。”这里的“量人”即测量者。

现代建筑完工后一般不保留显著的测量标志。但是，中国古代却不然，如古代建筑中的桓表，《汉书·酷吏传》中有“座寺门桓东”；如淳曰：“旧亭传于四角面百步，筑土四方，上有屋，屋上有柱出，高丈余，有大板贯柱四出，名曰桓表。县所治夹两边各一桓。陈宋之俗言桓声如和，今犹谓之和表。”师古曰：“即华表也。”县所治即当时的衙署，这种形式就是中国古代在已经完工的建筑上存留表木的例子。在一座建筑的四角保留四根表木（桓木），实际上是四隅立表法的遗制。桓，据《檀弓》注曰：“四植谓之桓。”当是一组表木的名称。

华表顶部的鸟改为一蹲兽，蹲兽下部增出一仰覆莲台，这里的仰覆莲台实质上也是转枢结构的变异。这一点，从宋代曾公亮的《武经总要》上所绘“水平”（水准仪）也可观察出。转枢或名“转关”，图上转关部即绘为仰覆莲台形。可以说，古代的交午木，就是今天的方向架。而华表，就是长期保存测量标志的美化形式，相当于今日测量界使用的测量点规标。柱下的围栏或夹木，则相当于现代标志的保护装置。当然，华表的位置，就是基准测量点位。

（五）古代乐器

华表是由一种古代的乐器演变而来，名为“木铎”，是一种中间细腰，腰上插有手柄的乐器。“木铎”是古代铎的一种，古代铎分为金铎、木铎两种，金铎金口金舌，是一种军用乐器，军中两司马振金铎，指挥击鼓。木铎金口木舌，是宣示政令所用的，秦汉以后的铎，已经不作乐器，改柄为钮，以便悬挂，置建筑檐下，吹风摇动作响，称为“檐铎”或“占风檐”。先秦时，代天子征求百姓意见的官员们，奔走于全国各地，敲击木铎以引起人们的注意。后来，天子不再派人出去征求意见，而是等人找上门来，将这种大型的木锋矗立于王宫之前，经过演变，就成了华表。

二、华表之历史嬗变

（一）华表形制的历史嬗变

根据《史记·三家注》的描述，早期华表的形状是一根直立的木柱顶端贯以呈交叉状的两根横木。如《史记》中有“……桥梁交午柱头”，“……一纵一横为午，谓以木贯表柱四出”。文中“桥梁”不是现代意义上的桥梁，而是指钉在柱头的交叉横木。《古今注》：“(华表）形似桔棒。”更形象地说明了华表的形制。自汉代以后，华表形制有两方面变化：

其一，华表柱头、柱身出现了雕饰的动物及花纹。晋干宝《搜神记》云：“丁令威，本辽东人，学道龄灵虚山。援化鹤归辽，集城门华表柱。”这里所说华表柱上的鹤为道人丁令威所化，实属荒诞，但它说明当时华表顶端已出现了雕饰的鹤。北魏杨之《洛阳伽蓝记》卷三“龙华寺”条说洛水上作浮桥叫“永桥”，南北两岸“有华表，举高二十丈。华表上作凤皇（凤凰)，似欲冲天势”，这说明华表上刻有凤凰图案。唐朝诗人杜甫有“天寒白鹤归华表，日落青龙见水中”，刘锡禹“华表千年一鹤归，凝丹为顶雪为衣”等诗句，其意就是说华表顶上雕饰的是白鹤。观宋代名画《清明上河图》，华表上确实雕饰有白鹤。华表上雕饰除了仙鹤、凤凰等神鸟外，更多的是象征威严的神兽，最常见的是“辟邪”和“吼”，现存南北朝至明清时期的古代华表，大多是这两种传说中的神兽。

其二，华表的质地从木质逐渐为石质。汉代以后，华表作为一种装饰，型趋于精美，用料趋于坚固，石质华表逐步取代木质华表。唐朝封演《封氏闻见记》记载：“然则墓前石人、石兽、石柱之属，自汉代而有之矣。”这里所说的石柱就是石质华表。现存东汉、南北朝、唐宋明清时期的华表均为石质华表。

（二）华表功能的历史嬗变

华表最初具有表识作用。周代实行井田制度，田门立木以分地界和行列远近，使人望见可知道路里程，所以又称之为“邮表”。因此，华表的起源，应该

是源于其表识功能。此后，由于厚葬之风在我国古代的盛行，华表在陵墓建筑中的使用得到了长足发展。同时，华表在材质上也开始由木制演变为石制。《后汉书·光武十王·中山简王焉传》载："大为修冢茔，开神道。"注："墓前开道，建石柱以为标，谓之神道。"这里的"石柱"就是华表。此后，大凡陵墓皆有神道，其中华表的运用，最常见的就是将其竖立于陵墓神道前端两侧，作为神道的标志，因而也称之为望柱。而石翁仲、石兽之类，则为陵墓神道的守卫者，这在两汉以后尤盛。《汉书·游侠·原涉传》载，原涉为扩大祖先陵墓，"买地开道，立表"。这里所说的"立表"，就是竖立华表。此外，据《水经注》记载，东汉官吏墓前，在陈列石阙、石兽、石碑的同时，常常也竖立有华表。如在《清水篇》中所记桂阳太守赵越墓、《洧水篇》中所记弘农太守张伯雅墓、《水篇》中所记安邑长史尹俭墓等，都竖立有石柱。而现在北京西郊的东汉秦君墓中，也竖立有石柱，正是这种墓道石柱的实物例证，它们无疑就是华表的初期形式。

至魏晋南北朝时期，这种神道石柱的传统得到继承和发展，并进一步成为地位与尊严的象征，而其作为表识的职能开始逐渐退化。现在能见到的实物，有西晋魏雏墓华表，上镌刻"元康八年二月甲戌朔十日将军魏君之神柩也"；韩寿神道石柱，上镌刻"故散骑常侍骠骑将军培阳韩府君墓神道"；以及从豫北博爱出土的苛晞神道石柱，上镌刻"晋故乐安相河内苛府君神道"。此外，在梁萧景墓中，也竖立有华表，左右各有一座，直接继承了汉晋以来的型制，下为柱础，在方座上置圆形石盘，刻成双螭的形状，中为方柱而四角微圆，柱身上段雕凹槽，下段刻束竹状，在二者之间雕刻绳辫及龙，并从柱身一面雕出方板；上刻死者的职衔；最上端柱顶，在镌刻有覆莲的圆盖上，置一小辟邪。整个华表形制简洁秀美，雕饰虽多而不繁琐。而其柱顶上刻有小辟邪的型制，同现在北京天安门前的华表非常近似。在这一时期，已经出现将华表看作帝王陵墓前建筑物的重要组成部分这一倾向。但华表依然并非皇家专属，也可被竖立于官吏墓前。时至梁天监年间，其表识的功能已经开始退化，而逐渐成为"记名位"的地位象征了。

随着封建专制制度的完善和强化，华表在陵墓建筑中作为尊严与地位象征的功能进一步得到发展，特别到了唐代，华表开始成为皇权的象征，成

为皇族的专用仪仗。在昭陵及其陪葬墓中，除昭陵及新城公主、长乐公主墓前有石柱作为华表外，即使跟随李世民征战南北的功臣李靖、李勣等墓，虽获宠陪陵，并可把墓造成山形，有石人、石羊、石虎等石雕，但绝对没有作为华表的石柱。就连唐太宗的废太子李承乾墓，也未见有华表。在唐高宗与武则天合葬的乾陵及其陪葬墓中，除乾陵外，也只有“号墓为陵”的懿德太子、永泰公主墓前有华表，即使章怀太子墓，也因其“不称陵”而没有立华表。这说明，到了唐代，已经形成一种制度，只允许帝陵和某些嫡系皇族成员的陵墓前竖立华表。此外，在乾陵还形成一种定制，即有一对华表竖立于石雕群之前，作为神道的标志。以后历代的帝陵，都基本依此规制。在这些帝陵上竖立华表，虽不再有其原始的表识作用，而成为地位、尊严的象征，但从中依然可以看出其表识功能所遗留的痕迹。

至宋代，这一制度被完整地继承了下来，在墓葬建筑中，华表也只在帝陵中有所发现。形制大体沿袭唐陵制度，只是其规模较之唐陵小了许多。

明代以后这一现象发生了变化，华表在帝陵中的作用逐渐衰微。在明十三陵的墓葬群中，就没有发现单独出现的华表，只是在神道的最北端，即神道的末端，有一个棂星门，又称“龙凤门”，是用华表式的柱子组成的三个石门，门南向，三门并排，其间连以红色短桓，柱头的云板和小辟邪，构成门上的装饰，结构奇特。如果没有石柱之间的短桓，无疑就是华表。

在清代帝陵中，华表的这一演化趋势更加明显。在清初三陵努尔哈赤先祖的永陵中，没有发现华表。在努尔哈赤的福陵中，也没有单独的华表，只是在其神道前方，有一正红门牌楼，四柱三门，同明十三陵之龙凤门非常相似，亦用华表式的柱子组成，柱子上亦有小辟邪。在清太宗皇太极的昭陵中，则发现有两对华表，但都不在神道最前方作为神道的标志，而是作为重要建筑物前的配套装饰品。两对华表分别竖立于昭陵隆恩门及牌楼之前，形制大体相同。只是牌楼前的那对华表在顶上刻有一小辟邪，柱身为蟠龙纹；而另一对华表顶上无小辟邪，为尖顶状，柱身为云纹。在其他清代帝陵中，也没有发现如唐宋帝陵那样作为神道标志的华表。从这一过程中可以看出，时至明清，华表已不再是帝陵前神道的标志了。其表识的功能已经荡然无存，仅仅是作为重要建筑物前的配套装饰物了。

三、华表之类型和功能

（一）交通类

华表的重要功能之一就是作为交通标志。即《古今注》所谓“亦以表识路衙也”。交通华表设置于以下几个地方：

亭邮《说文》：“桓，亭邮表也。”《礼记正义》：“亭邮之所而立澎木谓之桓，即今桥旁表柱也。”《汉书·尹尝传》注引如谆语，对亭邮表记述最详“旧亭传于四角面百步，筑土四方，上有屋，屋上有柱，高丈余，有大板，贯柱四出，名曰桓表”。这样的华表实物早已无存，但在古代画像石中却仍有完整的保存。在沂南古画像上，中左端一对物，上有交午柱，与如淳所述桓表一模一样。

街道：

有在路口所设，《古今注》记华表“大路交栅皆施焉”。有在城市街道或乡间要道所设，《后汉书·卫飒传》记汉交通要道“十里一亭，……五里一邮”，“洛阳二十四街，街一亭”。既然亭邮都设华表，那么这些街道自然而然也有华表无疑。

城门：

《汉旧仪》记洛阳城十二城门，门一亭，有亭即有华表。《搜神后记》就记辽东有“城门华表柱”。白居易《望江州》诗写道：“江回望见双华表，知是得阳西郭门。”隔江可以望见，说明城门华表相当高大。

桥梁：

《史记·孝文纪》集解服虔云：“尧作之桥梁交午柱头。”这种桥梁交午柱，在画像石中也有所见。沂南古画像所画桥头顶端有三角形的两个柱子，似为桥表。江苏徐州汉画像上桥头两个柱子，顶端有横木贯穿，则为桥表无疑。较大的桥头华表也非常高大，被称为桓楹。三国时洛阳城东桥、洛水浮桥、建邺南津桥皆有桓楹，因为高大，都曾被雷电击毁。这种大桥表的

形状，在《洛阳伽蓝记》中有较详记载，洛阳“宣阳门外四里，至洛水上作浮桥，所谓永桥也。南北两岸有华表高二十丈，上作凤凰，似欲冲天势”。直到宋元时某些画中所画桥表，仍然保持这个形式。如宋张择端《清明上河图》，其中汴梁虹桥两端四个高大华表，耸入云端，顶端除有交午木，还有一个“势欲冲天”的大鸟。

码头：

六朝时建康（今南京），朱雀大桥是水路运输中心，建有高大华表。《南齐书·五行志》载：中大通元年（529 年）“朱雀航华表灾（被电击焚毁）”。这则记载说明华表仍为木制，形状可能与桥表相同。此外，还有临时设立的交通表木，如据《三国志·魏志二·田畴传》曹操征乌桓，最初傍海行军，后因大雨改道，“乃引军还，而署大木表于水侧路旁……”。

还有一种是作为界标的表柱。《水经注·渭水注》记渭桥“桥高六丈，南北三百八十步，六十八间，七百五十柱，百二十二梁。桥之南北有堤，激立石柱，石柱南京兆主之，柱北冯栩全之”。

（二）建筑类

作为建筑物附属物的华表，亭邮表实际上兼有交通表和建筑表的双重性质。随着建筑事业以及技术与工艺的发展，建筑华表便逐渐从交通华表中分化出来。汉时在官署门前都设有华表。《汉书·尹尝传》如淳注：“县所治夹两边各一。”它的形状与亭邮表一样，其主要功用还是作标志。

汉时也出现了附属于宫殿建筑的华表。宫殿与官署同样需要指示方向的华表。但是由于它与建筑物结合，因此逐渐变为建筑组群的有机构成部分。交通华表不宜常变形状，而作为主体建筑装饰的华表则不然。随着物质文化水平的提高和建筑技术的革新及主体建筑的不断发展，对与之结合的华表也必然有更高的工艺要求。这部分华表则由标志物而变为装饰物，即如《史记·孝文纪》所云：“后代因以为饰。”据《三辅黄图》记汉建章宫“宫北起圆阙，高二十五丈，上有铜凤凰。”张衡在《西京赋》中也写到这个圆阙：“圆阙以造天，若双碣之相望。”这里所说的圆阙，可能即变化中的华表，它顶端的凤凰与上述桥表凤凰不无联系。六朝时墓表已大量用石制，宫殿华表改用石制大约亦在此前后。宋孔倜《宣靖妖化录》记“宝篆宫”“极土木之盛，灿金碧之辉，巍殿杰阁，瑶室修廊”，“为诸宫之冠，宫前华表柱忽生松一枝”。这样华丽宫殿的华表也必然宏伟高大，随风飘来的树籽能在表上生株，说明它是石制。

到了明清时代，保留下来的华表便相当多了，以天安门前的华表为代表作。这对通体由汉白玉雕成的华表，以巨大高耸的圆柱为主体，全身饰以蟠龙，两旁伸出美丽的云板，顶端承露盘上的蹲吼，栩栩如生，与天安门在蓝天白云下，交相辉映，构成了古代劳动人民的艺术杰作。同原始的交午木相比，变化巨大。天安门后面的华表吼首向内，称为“望君出”；天安门前华表的吼首向外，称为“望君归”，意思是监督皇帝的行动。这当然是地主阶级掩饰专制主义的一种手法，但它毕竟还保留着古代“诽谤木”的遗迹与功用。

（三）陵墓类

陵墓类华表指的是在死者陵墓前方埋的华表。《周礼·秋官》：“若有死于道路者，则令埋而置楬焉。”郑玄注：“楬欲令其识取之，今时楬案是也。”《广韵》：“楬契，有所表识也。”这当是最早的墓表。墓表最初也是木制，《续齐谐记》载：“（燕）昭王墓前华表已千年，使人伐之。”由于陵墓标志要求具有永久性，便逐渐由木制改为石制，汉时已出现石墓柱。《后汉书·赵岐传》记岐病重，“乃为遗令救兄子曰：……可立一圆石于吾墓前，刻之曰：汉有逸人，姓赵名嘉，有志无时，命也奈何！”由于古人追求厚葬，大搞死后排场，墓表就失去标志作用，完全变成了陵墓的装饰物。王献《杂录》记：“秦汉以来，……人臣墓前有石虎、石羊、石人、石柱之类，皆以饰坟垄，如生前之仪卫。”正

道出了这个变化。潘安仁《怀旧赋》云："建茔起畴，服服双表，列列行楸。"华表成了陵墓神道必不可少的装饰物。

陵墓华表也称标。《后汉书·中山简王传》记他死时，"大为修冢茔，开神道"。注云："墓前开道，建石柱以为标。"据《宋书·五行志》记"大明七年(463年)，风吹初宁陵隧口标折。"而《建康实录》记同一事却云"大风折初宁陵华表"。可见标即华表。汉代石墓表在南北朝时还有人见到过，《水经注·淇水注》记："冀州刺史贾琼使行部，过祠（李）云墓，刻石表之，今石柱尚存，俗称谓之李氏石柱。"此外，《水经注》还多次提到古墓石柱。汉代石墓表目前还未发现，可是六朝时石墓表却有大见保留。梁南康简王萧绩墓华表，柱身虽无云板，但有一块"记名位"的方板，柱顶雕有石兽，已初现后来石表的形式。

从上述三种华表的演变看，最初都是作为标志物出现的，后来随着城市交通事业的发展，对标志的要求多样化，单一的标志华表便被淘汰。从中分化出来的建筑装饰华表和陵墓华表却向更高工艺发展，并且在样式上趋于一致，偶尔保留下来的个别桥梁华表，也采取了前者的形式，这就是我们今天能看到的天安门、十三陵、卢沟桥华表的同一样式。保留到现在的古代华表，除南京附近的元朝陵墓华表外，大部分是明清时的华表，遍布全国各地，其中大量是封建皇帝和封建官僚陵墓的华表，少数是宫殿华表。这些华表基本结构相同，但在局部的雕琢工艺上也有不同，如沈阳昭陵的华表，周身绕以瑞云而无蟠龙，承露盘上也没有石吼；广西桂林明靖江王墓的华表，虽有蟠龙却非圆柱，而是一个八棱形柱。在现代修建的某些民族形式建筑物，也有采用华表以为装饰的，如北京图书馆。从一根原始的简单木柱，发展到后来石雕玉琢的精美华表，充分表现了古代劳动人民的高度智慧和艺术匠心。

四、现存华表古迹探微

（一）秦汉的华表遗存

自汉代以后，纯属装饰性物品。桥的两头、宫殿外、城垣和陵墓前等处多有设置。墓前的则称墓表。明代以前的历代宫殿多毁于战火，立于宫前的华表也未能幸免，因而现存明代以前的华表多为墓表。现存最早的华表是山东博物馆收藏的东汉琅邪郡相刘君墓柱和北京石景山出土的东汉幽州书佐秦君石柱。刘君墓柱和秦君石柱形制、结构、雕饰基本相似。柱形是古代建筑身圆形，雕刻隐陷直刳 U 棱纹（又称瓜棱形直纹、瓦楞纹），柱身接近柱头处有方形石额，上刻“汉琅邪郡相刘君之神道”字样。石额下面浮雕双螭，再下饰垂莲（又称覆莲）绕柱一周，与隐陷直刳 U 棱纹相接。整个石柱造型别致，雕刻精美。

（二）魏晋南北朝华表遗存

魏晋南北朝时期，华表作为建筑雕刻艺术趋于成熟，呈现出南北不同的风格。北方以河北省定兴县的北齐义慈惠华表为代表，南方以江苏南京的南朝萧景墓华表为代表。

三国两晋时期屡禁厚葬。晋武帝咸宁四年（278 年）诏令：“石兽碑表，即私褒美，兴长虚伪。伤财害人，莫大于此，一禁断之。”其中“表”即神道石柱。但这一时期设置神道石刻现象并未绝迹。现存洛阳河洛图书馆的“晋故散骑常传骠骑将军南阳堵阳韩府君神道”题字，据考证为西晋时期的神道石柱铭文。1978 年，河南省博爱县发现篆刻“晋故乐安相河内奇府君神道”字样的神道石柱，也是西晋时期的遗物。该神道石柱由柱头（已失）、柱身、柱座构成。柱身做圆柱体（即凸出）条纹，又称“束竹

纹”。柱身上都有额，额上刻有文字。柱座为方形，无纹饰。总体结构造型与南朝石柱相似。东晋今仅存杨府君神道石柱柱额文字拓本，全文为：“晋故巴陵郡察孝骑都尉枳杨君之神道君讳阳字世明涪陵太守之曾孙隆安三年岁在己亥十月十一日立。”全文共7行43字，分3段书写，字作隶体，但楷味甚浓，柱额形制与南朝石柱相当接近。此外，和南朝神道石柱可资比较的实物还有河北定兴县义慈惠石柱，这座纪念性石柱建于北齐天统五年（569年），在莲瓣柱座上建立八角形的柱子，柱顶置平板，其上置一座面阔三间、进深两间的小石殿。柱身上段的前面做成长方形柱额，其上刻铭文，柱的形体隽秀，基本上保存了汉以来华表的形制。

南朝陵墓神道石柱由柱头、柱身、柱座三部分构成。柱头包括装饰有覆莲的柱盖和伫立在柱盖顶部的小辟邪，这与宋代柱盖顶部立一对鹤（《清明上河图》）和明清时期柱盖顶部立吼不同。柱身圆形或椭圆形，雕刻隐陷直刳棱纹20—28道不等。柱身上方接近柱盖处，凿有长方形柱额，长度超出往身直径，额上刻有朝代、墓主官衔、谥号之类的文字。柱额文字一般一作正书，一作反文；或是一从左向右读，一从右向左读。柱额两侧线刻有礼佛童子（一说僧人执莲花）或者龙、凤、莲花之类的图案，柱额之下一般刻有神怪浮雕，浮雕之下有一圈绳辫纹，再下为一圈交叉缠绕的双龙纹。柱座上圆下方，上为两条头部相连、尾部相交的螭龙，据汉代王逸称：螭是一种神兽，“宜于驾乘”。双螭均有角有翼、双足长尾、张口衔珠，环伏围绕着一个圆形平台，平台中间有方形或长方形挥孔，神道石柱柱身的掉头便安插在其中；双摘之下为方形基座，基座四面一般刻有神怪浮雕。

南朝神道石柱均成对排列在陵墓前面的神道两侧。柱额一般都朝向神道入口处，唯有丹阳梁文帝萧顺之（梁武帝之父，死后追谥文皇帝）陵前神道石柱柱额面面相对，是个例外。从实地勘查情况来看，神道石柱的柱头、柱身、柱座分别由石料精工雕琢后，拼接组装而成。因此，现存南朝陵墓神道石柱在经风沐雨近1500年后，多数柱头已失，相当数量的神道石柱仅剩柱座。

义慈惠华表是一个墓地的标志，约建于北齐天统三年至武平元年间（567—570年），所以也被称为北齐石柱，至今已有一千四百多年的历史。此柱造型奇特，雕工粗壮有力，是遗存至今难得的北朝时代的艺术佳作。石柱用石灰石累叠而成，通高6.65米，分柱头、柱身、柱座三部分。柱头由柱顶和柱盖组成，柱顶是三间小佛殿，坐落在一块方石状柱盖上。佛殿虽很小，但相当精致，各部分都按当时建筑的实际比例缩制，可视为当时建筑的一个实。柱身呈八棱柱状，上细下粗。柱身上方接近柱盖处凿有长方形柱额，柱额上刻“标异乡义慈惠石柱颂”，全文共3400余字，记述了自北魏孝昌元年至永安元年间的一次大规模的农民起义，颂文虽是站在封建地主阶级立场上所写，但它却反映了当时农民起义波澜壮阔的情景，具有很高的史料价值。柱座由上部的覆莲环座和下面的两层方台组成。义慈惠华表设计精美，雕刻细腻，是北朝建筑和雕刻艺术的杰出代表。

南朝华表以南京萧景墓华表、丹阳市梁文帝萧顺之建陵华表和句容市萧绩墓华表最为著名，南京尧化门外太平村萧景墓前的华表保存最为完好。萧景墓前华表原为两根，东西对称而立，现仅存西柱。柱高6.50米，柱围2.45米，由柱头、柱身、柱座三部分构成。柱头包括装饰有覆莲的柱盖和立于柱盖顶部的小辟邪，这与宋代柱盖顶部立一对鹤和明清时期柱盖顶部立吼不同。柱身圆形，雕刻瓦楞纹24道。柱身上方接近柱盖处凿有长方形柱额，长度超出柱身直径，上反刻楷字“梁故侍中中抚将军开府仪同三司昊平忠侯萧公之神道”。柱额两侧刻有礼佛童子（一说僧人执莲花），柱额之下刻有神怪浮雕，浮雕之下有一圈绳辫纹，再下为一圈交叉缠绕的双龙纹。柱座上圆下方，上为两条头部相连、尾部相交的龙，均有角有翼，双足长尾，张口衔珠，环伏围绕着一个圆形平台。再下为方形基座，基座四面刻有神怪浮雕。值得一提的是，萧景墓华表和梁文帝萧顺之建陵华表的柱额都镌刻了当时流行一时的“反左书”，即两根华表柱额相对而立，一方柱额为正书，而另一方柱额像镜子一样把对面的正书柱额镜像，字体左右颠倒。从南朝华表的造型来看，其风格很可能受了古希腊和古印度的影响，例如瓦楞纹柱身就有古希腊石柱的影子。这说明经过两汉和魏晋时期，东西方的交流已十分广泛。莲花宝盖的造型说明当时源于古印

度的佛教在南北朝时期的极度盛行。

（三）唐宋时期的华表遗存

隋唐时期的华表继承了南北朝华表的风格，形制更加精美。西安唐陵华表是这一时期的杰出代表。唐代立国后，在帝王陵园大规模设置石雕渐成风气。列置石雕群的称为“陵”的帝王皇室墓葬有二十四处：关中唐十八陵，即献陵、昭陵、乾陵、定陵、桥陵、泰陵、建陵、元陵、崇陵、丰陵、景陵、光陵、庄陵、章陵、端陵、贞陵、简陵、靖陵；还有兴宁陵、顺陵、惠陵，河北省隆尧县的建初陵，河南省偃师县的恭陵。唐陵的原建规模是很大的，据宋敏求《长安志》记载，昭陵和贞陵周围一百二十里，乾陵周围八十里，泰陵周围七十六里，其他一般陵周围四十里，献陵周围二十里。各陵建筑制度基本一致。《长安图志》载有《唐昭陵图》《唐肃宗建陵图》《唐高宗乾陵图》等，绘制较详细。近年来的考古发掘也证实了唐陵的基本面貌，一般环陵有方形墙垣，墙垣四边中间设门，四个方向分别为青龙门、白虎门、朱雀门、玄武门；墙垣四角设角楼，模仿宫城格局样式，在陵南朱雀门内建有献殿，规模较大，为陵园中的主要建筑。“寝宫”（下宫）一般建于距陵西南数里处。

最初的唐陵石雕设置既未形成后来的制度，也未延续前代的格式。献陵四门外夹对列有石虎，南门外又有石犀一对、神道柱一对。这种设置在昭陵被完全弃之不顾了，大概由于昭陵山南地形复杂，不利于石雕群的设置，故均设在北山后玄武门内，内容为十四国君的相貌和浮雕“六骏”。与帝陵同时建造的祖陵永康陵则已经开始了后来所见的一套设置格式，即在南门神道两侧设立神道柱、天鹿、鞍马、蹲狮。这套格式在稍晚些时候建造的建初陵和恭陵中得到延续和发展。盛唐时期的乾陵将前期各陵的格式糅合为一，形成了唐陵石雕的一代制式：一般四门列蹲狮，北门增设鞍马，南门外从南端神道柱开始依次有序地排列着天马（或天鹿）、鸵鸟、鞍马与马倌、文武臣、番使、石狮，隔神道相对而立，并有石碑。各陵又出于不同原因而小有变化。武则天母杨氏顺陵是唐

陵中较特殊的例子，开始所设石雕数量不多，尺度较小，但随着武则天逐渐位高权重，石雕设置也增加了，现存的石狮、天鹿皆高大无比，制式特殊。

唐关中十八陵原来都有一对华表立于各陵神道左右，至今保存仍然完好的有献陵、乾陵、桥陵、泰陵、建陵、崇陵、端陵、贞陵华表等。献陵华表是仍然受南北朝风格影响的初唐代表作。和南朝石柱相比，献陵华表造型更加简约刚毅，浑厚质朴，健壮粗犷，豁达昂扬。八棱形的柱身显得非常大气壮硕，柱座上浮雕的蛟龙和柱顶上圆雕的狻猊刀工十分简洁，赋形又极为生动。

乾陵华表雕刻细腻，继承了初唐石雕风格，又有所创新。华表柱头不再是礴兽，代之以圆雕的摩尼珠。摩尼珠呈胡桃形，是传说中的佛教宝物。柱身仍呈八棱形，每个棱面都刻有精致的蔓草海石榴花纹。柱盖和柱座均雕有莲瓣，带有浓厚的佛教艺术风格。华表通高 8 米，直径 1.22 米，巍巍矗立，衬托出壮观、庄严、肃穆而宏伟的气氛。桥陵、泰陵、建陵、崇陵、端陵、贞陵华表的形制同乾陵华表基本相同。

宋代华表遗存以河南巩义北宋皇陵华表为代表。宋陵属全国重点文物保护单位，位于河南省巩义市嵩山北麓与洛河间的丘陵和平地上。总面积约三十平方公里。地处郑州、洛阳之间，陇海铁路穿境而过，开洛高速贯穿东西，南有嵩山，北有黄河，依山傍水，风景优美，被人誉为“生在苏杭，葬在北邙”的风水宝地。

北宋九个皇帝，除徽、钦二帝被金所虏囚死漠北外，七个皇帝以及被追尊为宣祖的赵弘殷（赵匡胤之父）均葬于此。世称七帝八陵。按照埋葬时间的先后，八陵的顺序依次是：宋宣祖的永安陵、宋太祖的永昌陵、宋太宗的永熙陵、宋真宗的永定陵、宋仁宗的永昭陵、宋英宗的永厚陵、宋神宗的永裕陵和宋哲宗的永泰陵。加上后妃、宗室、亲王、王子、王孙以及高怀德、赵普、曹彬、蔡齐、寇准、包拯、狄青、杨六郎等功臣名勋共有陵墓近一千座，前后经营达一百六十余年之久，北宋的诸帝、后陵中，八座皇帝陵保存完好，皇后陵主要分布在西村、蔡庄、孝义、八陵四个陵区，占地三十余平方公里，

形成了一个规模庞大、气势雄伟的皇家陵墓群。

北宋皇陵的诸帝陵园建制统一，平面布局相同，皆坐北朝南，分别由上宫、宫城、地宫、下宫四部分组成。围绕陵园建筑有寺院、庙宇和行宫等，苍松翠柏，肃穆幽静。西村陵区位于西村乡北的常封村和滹沱村之间，包括宣祖赵弘殷的永安陵、太祖赵匡胤的永昌陵、太宗赵光义的永熙陵；蔡庄陵区位于蔡庄北，有真宗赵恒的永定陵；孝义陵区位于县城西南侧，包括仁宗赵祯的永昭陵、英宗赵曙的永厚陵；八陵陵区位于八陵村南，包括神宗赵顼的永裕陵、哲宗赵煦的永泰陵。帝陵坐北向南，由南向北为鹊台、乳台、神道列石；神道北即上宫；上宫四周夯筑方形神墙，周长近千米，四面正中辟有神门，神墙四隅筑有阙台（角阙）；上宫正中为底边周长二百余米的覆斗形陵台，台下为地宫。后陵在帝陵西北，布局和建筑与帝陵相似，只是形制较小，石刻较少。下宫为日常奉飨的地方，在上宫的北面或西北隅，地面建筑已荡然无存。

北宋八陵中，除永安陵外，其他七处皇陵的华表均保存完好。宋陵华表继承了唐陵华表的形制，但柱头的圆雕以莲蕊代替了摩尼珠，柱头由大小两个莲蕊组成，上小下大，玲珑剔透。柱身为八棱形，与唐代乾陵华表相似，饰阳线刻的缠枝牡丹及云龙图案，线条流畅，雕刻精美。柱座为方基莲花座，这也与唐乾陵华表相似。与唐陵不同的是，宋陵华表柱身开始出现阳线刻的龙凤图案，这为后世华表形制的演变打下了基础。

（四）明清华表遗存

明代华表遗存有数十处之多，保存完好的如河南洛阳的关林华表、安徽蚌埠的汤和墓表、山东泰安的萧大亨墓表、南京孝陵华表、北京十三陵华表和天安门华表等。明代华表在继承宋代的基础上有所变化：其一，明以前，无论在宫殿前还是皇陵神道，一般立一对华表，左右各一；明代则立两对华表，前后左右各一，对称美感更强。明孝陵前的华表，柱与柱础俱呈六棱形，顶端为圆柱形冠，柱身浮雕云气纹，柱头则雕琢云龙纹，用整块白玉石雕琢而成，高达6.52米。关于石柱的位置，据《水经注》所述汉墓之柱，似尚无定规可言。但自宋以来诸陵，皆置于石象生之前，如同是领导卤薄的标识。唯独明孝陵将石柱置于石兽与石像之间。这究竟是因为十二对石兽为后来所置，亦或其他缘故尚不清楚。如明十三陵长陵神功圣德碑楼的前后左右各立华表一座，天安门前后也是各立一对华表。其二，华表柱身由八棱柱演化为圆柱，柱身雕饰由线刻演化为浮雕，形制更加精美，反映了当时雕塑艺术的高超技艺。

明朝皇权高度强化，华表也随之成为至高无上、神圣不可侵犯的皇权象征，雕刻精美，威严肃穆。天安门前后各竖立的一对汉白玉华表与天安门同建于明永乐年间，迄今已有五百多年的历史。每根华表由须弥座柱基、盘龙柱身、云翅、承露盘和柱顶蹲兽组成，通高9.57米，重20多吨。在直径98厘米、有层层回环不断的浅浮雕云朵的石柱上，盘绕着一条巨龙，四足、五爪，雕刻得栩栩如生，跃然飞舞。在雕龙巨柱上部横插着白石云翅，呈朵状。云翅上面是圆形承露盘，盘上有一尊“望天吼”。“望天吼”是传说中似犬非犬的怪兽，据说是龙的九子之一，有守望习性，虽为食人恶兽，民间却赋予它耐人寻味的功能。天安门前那对华表上的石犼背对皇宫，叫“望君归”，负责监视皇帝外出时的行为，盼望皇帝早日回宫，不要在宫外寻欢作乐，荒废朝政；天安门后一对华表上面向北的石吼叫“望君出”，负责监视皇帝的宫廷生活，盼望皇帝经常出来察看民情。八角形汉白玉须弥座四面雕刻云龙，外面四周环绕白石雕花栏杆，栏杆四角柱头上雕有四只小石狮子，头向与“望天吼”一致。天安门华表不但雕刻精湛，技艺高超，而且整体造型极为庄重，给人肃然起敬之感，是明代华表的代表作。西边华表的顶端现有一块明显的补丁，是1900年八国联军侵占北京炮轰天安门时损坏的。后来虽经修葺，但近代中国百年屈辱史却是无法掩盖的，它提醒人们永远不要忘记那苦痛的过去，激励后人为了中华崛起而奋斗。

清代华表完全继承了明代华表的形制，如沈阳清昭陵华表、河北遵化清东陵裕陵华表、河北易县清西陵泰陵华表和北京圆

明园华表，后分别移入北京大学和国家图书馆院内等，均是清代华表的精品。昭陵华表有三对，一对在大红门外，距下马石不远的地方，一对在石象生之前，另一对在神功圣德碑之前。三对华表柱样式有相同之处，也有不同之处。它们的底座都是六角形须弥座，须弥座的上下坊及束腰部位刻有云龙、仰俯莲等文饰。柱体有的是六角形，有的是圆柱形，但上面的浮雕一样，都是龙蟠柱纹，雕刻形象生动的巨龙，在浓密的云水间仿佛在盘旋升腾；云板横插在接近柱体的顶端，是一块长三角形石板，石板上刻有密集的云纹，有的云板还刻有“日”及“月”二字。在主体顶部有一个盘叫“天盘”，天盘之上为柱顶。昭陵华表柱柱顶有两种，一种是桃形望柱头顶（又称海石榴），另一种是怪兽。怪兽披麟挂甲，尾与鬃毛相连，鼻子长而且弯曲，浑身瘦骨嶙峋，样子似犬非犬，作昂首翘尾引颈高啸状。北京大学内的华表是清代华表的代表作之一，其原置圆明园安佑宫，清末民初崇彝《道咸以来朝野杂记》记载，此华表建于乾隆七年（1742 年）。此华表的汉白玉柱体、柱基、柱身、云翅、承露盘和柱顶蹲兽均如天安门华表，不同的是天安门华表柱身雕刻为浅浮雕，而北大华表柱身雕刻则为高浮雕，云朵层层叠叠，富有极强的立体感，盘龙鳞角峥嵘，臂爪劲健，给人以龙翱云天之感，代表了前清盛世精湛而高超的雕刻技艺。清陵的石制华表，通高十二米，底落在须弥座上，四周有栏。柱身周长四米多，一条升龙绕柱三匝在云海中戏珠，龙首处横贯一如意云板。柱顶承露盘中蹲一怪兽，似犬非犬，披甲昂首朝天像在吼叫，过去的人们都叫它望天吼。

由于封建帝后提倡厚葬事死如事生，后继子孙又竭力为其歌功颂德，过分地吹嘘也给死去的帝后带来了莫大的讽刺。因为僵卧在深深地宫里的帝后，无论“望君出”怎样地吼叫也无济于事，他们再也不会出来了。

五、华表之美

（一）艺术之美

华表最初的样子就是一根立柱，头上横贯一块木板。翻开宋代张择端画的《清明上河图》，可以看到在汴京城中虹桥的两端各有两根木柱，柱头上有十字交叉的短木，柱端立有一只仙鹤，这显然就是立在桥头的华表木。关于这只立在柱端的仙鹤，还有一段传说。汉代有个叫丁威的人学道成仙后，化作仙鹤飞到汴梁，落在城中的华表木上休息，引来许多人围观。有个少年拔出弓箭要射这只仙鹤，仙鹤忽然用人语唱起歌来。歌中感叹尘世变化无常，劝人们遁世避俗，学道成仙。于是，少年放下弓箭，随仙鹤而去。传说明显带有迷信的色彩，其实华表木顶端瑞兽的作用，一是为了装饰，二是寄托了当时人们的愿望。随着岁月的更迭，木质的华表经不住风吹雨淋，逐渐被石料所取代。细长的柱身上方横贯一块石板，柱顶用瑞兽做装饰，这种形式也被固定下来，一直流传到明清两代。

一座华表可以分为三个部分，即柱头、柱身和基座。柱头上有一块平置的圆形石板，称为“承露盘”。承露盘起源于汉朝，汉武帝在神明台上立一铜制的仙人，仙人举起双手放在头上，合掌承接天上的甘露，皇帝喝了这自天而降的露水就可以长生不老。后来都将仙人举手托盘承接露水称为承露盘，北京北海琼华岛上就有这样一座仙人手托承露盘的雕像。再以后，凡在柱子头上的圆盘，不管是不是仙人手举，不论能否承接露水，都称为承露盘。华表上的承露盘由上、下两层仰俯莲花瓣组成，承露盘上立有小兽，这种蹲着的小兽在明清时期的华表上称为“朝天吼”。明清时期柱身多呈八角形，在宫殿、陵墓前华表身上多用盘龙作为装饰，一条巨龙盘绕在柱身，龙头向下，龙尾在上，龙身四周还

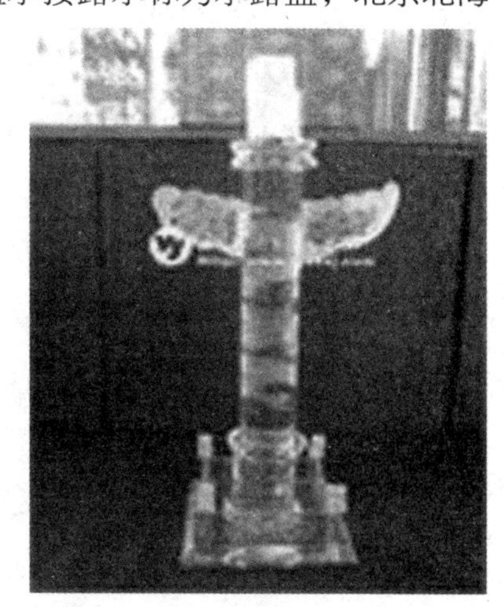

雕有云纹，当人们站在天安门前高 9.57 米、清孝陵前高 12 米的石头华表前仰首观望，在蓝天的衬托下，柱子上的巨龙遨游在云朵之中，显得十分有气势。

华表的基座一般都做成须弥座的形式，随着柱身也呈八角形，座上雕满了龙纹和莲花纹。在天安门的华表下面，基座外还加上一圈石栏杆，栏杆四角的望柱头上各立着一只小石头狮子，狮子头与顶上的石兽朝着一个方向，这种栏杆对华表既有保护作用，又起到烘托作用，使高高的华表更显得庄重和稳固。

（二）寓意之美

华表上的龙，是上古人们崇尚庶务的标记。但龙在上古文化观念中究竟指什么，至今仍为悬案。据《易经》解释，龙是一种指水、陆、空都可以适应的生物，是一种只可以感受不可以捉摸的东西。按此玄论推想，若从新闻史学角度来演绎《易》之理，窃以为：龙是指民意又即舆论的。因为只有民意又即舆论，才合乎这种只可以感受却不可以捉摸的状况。这还可以在《帝王世纪》中得到启示。禹等九人本是尧的内阁成员，不过没有分派各人的职务。舜摄政后分派了这九个人的言职。其中“龙”的职责就是分管意识形态领域的“纳言”工作，即舆论方面的工作。孔安国说：“纳言，唯喉舌之官也，听下言纳子上，受上言宣于下。”可见“纳言”确为沟通舆论的工作。可能因《易》是周书之故，姬昌被商纣拘羑里而演周易时，身陷囹圄，面对纣王的无道，追怀尧舜时代良好的舆论监督环境，不得不用曲笔，借“龙”来论兴亡之道。

云，在华表上也有其含义。云是黄帝时代崇尚庶务的标记。“卿云烂兮，纠缓缀兮，日月光华，旦复旦兮”，这即是后世景仰的“光明社会”的由来。《易》说，“云从龙万则云行雨施”。这是指只要有一个良好的舆论监督环境，便会有一个风调雨顺的社会。又说，龙飞九天，则“万国咸宁”。这是指只要有一个良好的舆论监督的环境，便会有一个国泰民安的稳定社会。又说“纤君子

得舆，民所载也”，这是指只有接受舆论监督的人，才能得到舆论的支持，得到人民的拥戴，这样演绎《易》之理是完全讲得通的。《周易》中许多关于“龙”“云”的玄论，也就不难理解了。这也就是天安门华表上饰物所真正象征的意义。

华表木作为人类早期的一种舆论监督工具，它的历史使命与人类文明的不断进步和历次革命有关。因为它毕竟是一种原始的、固定的、笨拙的、不理想的舆论监督载体。禹尧舜时代华表木，一直是后世百王标榜自己风范的象征，至今仍以永恒的生命力及其圣洁的身姿，雄立于天安门前。

（三）宗教之美

建筑的功能是社会赋予的，建筑的类型是情感的结晶，中国公共建筑更是将上古祭祀、巫术等敬献自然神的礼仪进行系统化分类和归纳，上升为儒家文化集体意识的反映。

华表不仅仅是一个单纯的知识客体，它对应的是一种特定的情感态度，人们只有在这个保护神的面前，个人在族群中的身份才能得到确定和认同。同时，每一个华表之间又存在着明确的亲属和等级关系，该氏族的华表与另一个氏族的华表具有某种胞亲或姻亲关系，它们构成了一个更大的社会群体，这些群体互不隶属又相互发生关系，彼此叠加，以此类推，形成一个有着血缘关系的社会生态链条，最后归属于一个更大的华表。“家——家族——家园——家国——家天下”这样一个由小及大、逐层推进的“家”文化就是在这样的背景下逐渐形成的。图腾的原始文化意味从进入到文字时代开始日趋式微，而华表用于标明血缘、宗亲、身份、等级的意义被完整甚至扩大化地保留下来，华表过早地被打上了深刻的儒家文化印记。无论华表的社会意符如何演变，决定事物分类方式的差异性和相似性，在很大程度上取决于情感，而不是理智。既然华表的内涵是被社会的意志、集体的

情感赋予上的，那么自古迄今，我们对待事物始终都存在着一种情感的、心理的判别方法，而非现代西方意义上的理性和逻辑方法，那就是事物首先是神圣的或凡俗的，是纯洁的或肮脏的，是吉利的或不祥的，是朋友的或敌人的，它们最基本的特征所表达的完全是它们对社会情感的作用方式。

华表作为中国建筑文化特别是公祭建筑的重要范畴，很大程度上是纯粹精神需求的产物，至于审美的规定依据，我们认为只能是主观的，不可能是别的。事物所以为美，唯其属于这个图腾系统才是美的。于是，建筑与审美达成了一致，或者说在文化上找到了契合点，审美成为建筑的文化标准之一。虽然那些曾用于确定血缘系统、族群关系、氏族等级、族际界限的观念已经成为文化基因保留在中华民族的文化记忆当中，并成为人的潜意识，成为反映在建筑上的一种悠远的文化情结和独特的建筑原型，但它却成为决定人的本质的核心要素，个体的人对事物的判断、定义、演绎、归纳等知性能力也因此才被赋予，人和事物的类属就此可以划分。

在中国，上升为集体意志甚至是国家意志的图腾符号系统与中国农业文明密切地结合，又同与之相适应的伦理型哲学——儒家文化相结合。华表从最初作为界限、种属社会关系确定的标志，演化成为渗透到社会生活各个领域和层面的文化符号，成为测恒星、定方位、算节气、序农桑、安驻军等事物依据。虽然远古中国人的逻辑思维并不是一开始就是那样严密而理性，却是与“中国式生产方式”协调一致的哲学思维、逻辑思维、科学思维产生的基础，也是我国以农耕文明为基础、小农经济形态为结构遗存下来的、那个漫长时代最具可操作性的，当然也是那个时代最完美、最完备的文化系统。在这个系统的引导下，中国人养成了敬畏自然、皈依自然的社会生态观，形成了“天人合一”和“师法自然”的建筑文化观。人们所有的社会生活都在这个观念下予以安排、调适、熔融、规范，人、建筑与自然已然成为密不可分、和平共处、和谐一致的生命共同体。于是，人们也获得了最佳的生存空间和在这个空间生存的最佳理由——在这个空间建筑当中，人们得以和谐、有序地审美生存，诗意栖居。

历代长城

长城，是中国古代劳动人民创造的伟大奇迹，也是中国悠久历史的见证。长城东起山海关，西至嘉峪关。因其长度逾万里，故又称为“万里长城”。据记载，秦始皇为了修建长城曾动用了近百万劳动力。后世历代君王为了国计民生，也纷纷加以修葺和维护长城。尤其是明代以来，对长城的增修更是超过历代。长城，作为一项伟大的军事工程，已成为中华民族一份宝贵的历史遗产。

一、长城的起源

人类出现后，为了自卫，防御手段也随之产生了。长城在中国古代是作为战争防御工事而修建的。

在人类早期，我们的祖先还处于原始社会。他们为了保护自己，或穴居于山洞地下，或巢居于林间树上。

进入氏族社会后，我们的祖先多聚居于肥沃的河谷一带，在那里修建了简易的房屋。为防御野兽的侵害和其他氏族的侵扰，他们在房屋四周挖壕掘沟，将挖出的土堆在壕沟内侧，形成又高又厚的土墙。有些地方还在土墙上筑有篱笆。

在西安半坡遗址，先民围着居住区挖了一条宽和深各五六米的防御性壕沟。

在安阳后冈龙山文化层中，有夯土墙围在龙山文化遗址西和南两面，长约70余米，宽约2—4米。

登封王城岗及淮阳平粮台也有夯土城。这些壕沟和城墙全是为了防御而修的。

公元前21世纪，我国进入奴隶社会，在治水中立了大功的大禹建立了我国第一个王朝——夏朝。

夏禹的父亲——鲧发明了城郭构筑技术。当初，洪水泛滥，鲧被四岳推举，奉尧的命令开始治水。他治水的主要方法是沿河修筑长堤，用以拦堵洪水。后来，人们将鲧修筑防洪堤的技术用于筑城，用以保护城中的百姓。

公元前16世纪，商汤攻灭夏朝后，建立商朝。我国奴隶社会在商朝得到了进一步的发展。

商朝最初建都于亳，后来曾多次迁徙，最后由盘庚率领百姓迁都于殷。

殷都故址在今河南省安阳市小屯村。在小屯村，沿洹河两岸十余里的范围内，分布着宫室、庙宇、住宅、坟墓等殷都遗址。

在小屯村西约200米的地方有一条大沟，沟长750米，宽20米，深约5—10米，呈斜坡状，是当年殷民为防御敌人入侵而掘的壍壕。壍壕掘好后，挖出的土自然就形成了一道城墙。

长城是城墙的延伸，源于中原农业部落对北方游牧部落的防御。在长城面前，战马受阻，骑兵无法驰骋，难以奔杀。为了御外而筑长城，这是长城产生的外部原因。

除了外部原因，长城的产生还有其内部原因，长城的出现与井田制的废除有关：战国以前的井田有沟有阡陌，对战车形成了一道道障碍。战国开始废掉井田制后，为了扩大耕作面积，沟和阡陌都填平了。这样一来，战车在大地上纵横驰骋，横行无阻，敌国间互相变得易攻不易守了。为了阻挡敌国的战车，列国纷纷在边境修筑长城，以求自保。这就是长城产生的内部原因。

二、战国长城

公元前11世纪，周武王攻灭商朝后，开始大规模地分封诸侯。此后，除王室筑城外，各诸侯国也纷纷筑城，以巩固其统治。

周幽王十一年（前771年），周幽王因宠爱褒姒，废掉了申后和太子宜臼。申后之父申侯勃然大怒，联合犬戎攻杀周幽王。

次年，一些诸侯把周幽王的太子宜臼立为天子，是为周平王。平王即位后，戎狄势力在王畿内发展，严重地威胁着王室的安全。平王不得不远避其锋，从陕西东迁洛邑（今河南洛阳附近）。历史将平王以前的周朝称“西周”，东迁洛邑以后的周朝称“东周”。

东周从春秋时期进入战国时期后，铁器普遍使用，促进了生产力的发展，推动了生产关系由奴隶主所有制向封建地主所有制的变革，导致奴隶制社会向封建社会转化。新兴地主阶级开始夺取政权，并实行变法，从而促进了地主政权的巩固，推动了封建地主经济的发展。

由于地主经济的发展，较强大的诸侯国开始掠夺其他国家的土地和人口，兼并战争越演越烈，日益频繁残酷。为了防御邻国的侵掠，各诸侯国不惜耗费巨资，纷纷在边境上修筑长城。

（一）齐国长城

齐国位于山东省北部，是公元前11世纪周武王分封的诸侯国之一。开国君主吕尚，建都营丘（后称临淄，今山东省淄博北）。

齐灵公十五年（前567年）齐军攻灭莱国后，疆土扩大到山东东部。

齐国疆域东到大海，西到黄河，南到泰山，北到无棣水（今河北省盐山县南）。

吕尚是炎帝四岳的后裔，其祖先原居东方，与大禹一起治水，因功被封于吕，遂以吕为氏。

周文王四处求贤时，见吕尚有经天纬地之才，便尊吕尚为师，整军经武。在吕尚的辅佐下，周文王的儿子周武王终于攻灭商朝，建立了周朝。周武王论功行赏，封吕尚为齐侯，还特地赐给他一种特权，可以征伐有罪的诸侯。

春秋初期，齐桓公任命管仲为相，改革朝政。从此国家日益富强，吞并了一些邻国。荀子说“齐桓公并国三十五”，韩非子说“桓公并国三十”。齐国成了华夏各国中最强大的国家。

齐桓公七年（前679年），齐国开始称霸。

这时，楚国也在长江、汉水一带强大起来，有与齐国争霸的野心。

齐桓公三十年（前656年），齐桓公亲率齐、鲁、宋、陈、卫、郑、许、曹八国联军伐楚。大军进至召陵（河南省郾城县东）时，楚成王派使者到军前讲和，桓公许和退兵。

齐桓公这次伐楚，暂时达到了阻止楚国北进的目的。

为了防楚，齐国开始修筑长城。《管子·轻重篇》说：“长城之阳鲁也，长城之阴齐也。”

齐国长城西起平阴防门，沿泰山北岗而东，经莱芜、博山、临朐、沂水、莒州、日照，直至胶州湾大珠山。

齐国长城是利用原有的堤防连结山脉陆续扩建而成的。早在战国初期，三晋就多次攻入齐国长城，这表明齐国长城的西部在这时即已建成。

公元前350年，齐国又曾“筑防以为长城”，也就是将河堤改筑成长城。这表明随着兼并战争的日益激烈，齐国又进行了长城的扩展工程，使长城加长加固，发挥更大的国防屏障作用。

齐国长城是春秋战国时期长城遗址保存较多的一处。

（二）楚国长城

楚国之君以芈为姓，其始祖为鬻熊。西周时，楚国立国于荆山一带，建都丹阳（今湖北秭归东南）。后来，楚国迁都于郢（今湖北江陵西北纪南城）。

楚国常与周王朝发生战争，周人称其为荆

蛮。西周衰落后，楚国在长江、汉水一带强大起来。

春秋初期，楚国征服了周围许多小国，继而又打败了周武王分封的一些北方姬姓小国，矛头直指中原。

在齐桓公称霸中原时，楚国尚不能与齐国抗衡。齐桓公死后，周襄王十四年（前638年）冬十一月，楚国出兵伐宋救郑，在泓水（今河南柘城县西）大败宋襄公，控制了黄河流域的许多中小国家。从此，楚国代替齐国称霸中原。

春秋初期，楚国同秦国很少发生正面冲突。秦穆公以前，秦国尚无力向关中以外地区发展。后来，秦国向东发展时，首先遇到的障碍是晋国而不是楚国。因此，楚国修筑长城的初意在于防御晋国和齐国。

春秋末期，楚国国力不振，秦国日益强大起来。这时，楚国修筑长城是为了防御秦国了。

楚国长城形状如矩，称方城，由邓县东北境起，沿镇平县境向北，由南召县西北方向转向东，至鲁山县南，然后由叶县西境南转，循方城县与舞阳县至泌阴县境。

楚国长城利用山脉高地连结大河堤防筑成，因此楚国长城也称“连堤”。

进入战国后，楚国对长城进行了扩建，用于防秦，具有重要的军事价值。

（三）魏国长城

魏国是西周时分封的诸侯国，姬姓。晋献公十六年（前661年），魏国被晋国攻灭。晋献公将魏国土地分给大夫毕万。

战国初年，毕万后裔魏文侯和赵、韩一起瓜分了晋国。周威烈王二十三年（前403年），魏文侯被周王承认为诸侯，建都安邑（今山西省夏县西北）。魏文侯实行变法，进行封建改革，取得了很大的成绩，使魏国成为战国初期的强国之一。

魏文侯三十三年（前413年），魏国大举进攻秦国，一直打到郑（今陕西省华县）。次年，魏国大军又占领秦国的繁庞（今陕西省韩城东南）。魏文侯三十

七年（前 409 年），魏国大将吴起率兵攻取秦国的临晋（今陕西省大荔东）、元里（今陕西省澄城南）、洛阴（今陕西省大荔西）等城。

魏国和秦国本以黄河为界，魏国在河西原来仅有少梁一城。在取得上述诸城后，河西之地就全部归魏国所有了。

后来，秦献公即位，实行了一些改革，使国力大大加强了。

魏惠王四年（前 366 年），秦国出兵向韩魏联军进攻，大败韩魏联军于洛阴。

魏惠王六年（前 364 年），秦国深入河东，在石门（今山西运城西南）和魏军大战，斩首六万。

魏惠王八年（前 362 年），魏国同韩赵两国发生大战，秦国趁机向魏国进攻，在少梁大败魏军。此役，秦国攻取繁庞城，迫使魏国迁都大梁。

秦国屡战屡胜，严重地危及魏国西部的安全。为了巩固河西之地，魏国派大将龙贾沿洛水修了一道长城，即魏国河西长城。这道长城由洛水（北洛水）的堤防扩建而成，南起于郑（今陕西省华县），越渭水，经今大荔、洛川等县，沿洛水东岸北上。由于其位置偏于魏国西部，因此也被称为“魏国西长城”。

后来，为加强国都大梁的防务，魏国又在大梁以西、黄河以南筑了一道南长城，又称“中原长城”。这条长城从卷（今河南原阳西）开始，经阳武（今原阳县东南）一直到密（今河南密县东北）。由于这条长城位于魏国南部，故称“魏国南长城”。

魏国修筑长城的战略意图是为了抵挡秦国东进，保家卫国。

（四）赵国长城

赵国开国君主赵烈侯是晋大夫赵衰的后代。

战国初年，赵烈侯和魏、韩一起瓜分了晋国。周威烈王二十三年（前 403 年），赵烈侯被周威烈王承认为诸侯，建都晋阳（今山西省太原东南）。周安王十六年（前 386 年），赵国迁都邯郸（今河北）。

赵国疆域占有今山西中部、陕西东北角、河北西南部。这时，赵国北方的匈奴东胡族已由互不统属的氏族部落逐渐聚集，形成较

大的部落联盟，其势力控制了赵、秦、燕三国的北部边境。周赧王十三年（前302年），赵武灵王发愤图强，勇于变革，改穿胡服，学习骑射，极大地加强了国防力量。赵国先是攻灭了中山国，后来又打败了林胡、楼烦，占有今河北北部、山西北部和河套广大地区。

赵国长城有三道：赵肃侯所筑南北长城两道和赵武灵王所筑赵国北长城一道，两道赵国北长城均用于防御东胡。因为赵武灵王驱胡扩地，势力北进至内蒙古大青山一带，所以赵肃侯时所筑的北长城后来已属赵国内地了。

赵武灵王所筑北长城，筑于赵武灵王二十六年和二十七年之间，即前299年—前300年。

近些年来，考古工作者在内蒙古大青山、乌拉山、狼山之间发现了赵武灵王所筑北长城遗址。赵国北长城大体上有前后两条：前条在今内蒙古乌加河以北，沿今狼山一带修筑；后条从今内蒙古乌拉特旗而东，经包头市北，沿乌拉山向东，经呼和浩特北、卓资和集宁市南，抵达今河北省张北县南。赵国北长城系用土石筑成，现高一米至两米不等。

赵国南长城主要用于防御魏国。魏国都城大梁距赵国都城邯郸仅数百里，而漳水西岸的魏国重镇邺城距邯郸不足百里，这对赵国威胁极大。周显王十六年（前353年），魏惠王曾攻占赵国都城邯郸，强占达三年之久。赵肃侯即位后，为防御魏国，依漳河、滏阳河天险修筑了长城，此长城是由漳河、滏阳河的堤防连接扩建而成的，自今河北武安西南起，沿漳水经今磁县到今肥乡县南。

（五）燕国长城

燕国是公元前11世纪周武王分封的诸侯国之一。燕国在今河北省北部和辽宁省西部，建都于蓟（今北京城西南），又以武阳（今河北省易县南）为下都。

周慎靓王五年（前316年），燕王哙把王位让给相国子之，太子平和将军市被因而起兵。这时，齐宣王乘机攻占燕国，燕王哙和相国子之死于战乱。从此，

燕齐两国结下深仇。

燕昭王二十七年（前 208 年），燕昭王为了复仇，任命乐毅为大将，联合各诸侯国攻破齐国，占领齐国七十余城。

燕昭王去世后，燕国又为齐国所败，所占之地全部丧失。

燕齐两国长期发生战争，为了防御齐国，燕国修筑了南长城。

这时，秦国已逐渐强大，东进图霸，威胁燕境。因此，燕国南长城也用于防御秦军的进攻。

燕国南长城由易水的堤防扩建而成，也称“易水长城”。

燕国南长城从今河北易县西南筑起，经汾门（今河北徐水西北），沿南易水和滱水（今大清河）向东南，经徐水、雄县至大城县西南。

燕国为了抵御北方民族入侵，还修了一道北长城。这是战国时期修的最后一道长城。近些年来，考古工作者在内蒙古多伦、赤峰及河北省围场县等地发现不少燕国北长城遗址。

清乾隆十七年（1752 年），乾隆皇帝巡幸木兰围场时，发现了一段东西长四百余里的长城，即燕国北长城。

燕国北长城后来曾被秦始皇修长城时所用。

（六）中山国长城

中山国虽非诸侯大国，但在战国时期也筑有长城。《史记·赵世家》说：“成侯六年（前 369 年），中山筑长城。”

（七）秦国长城

秦国嬴姓，相传是伯益的后代。传到秦仲时，被周宣王封为大夫。周平王元年（前 770 年），秦襄公因护送周平王东迁有功，被周平王封为诸侯。

秦国在春秋时期建都于雍（今陕西凤翔东南），占有今陕西中部和甘肃东南部。

秦穆公时，秦军攻灭十二国，称霸西戎。

后来，秦国因经济落后，又常常发生内乱，国势日趋衰弱，不断遭到外部打击。对秦国威胁最大的是东方的晋国和后来的魏、韩两国，尤以魏国为最。

战国时期，秦国曾筑两道长城：一为秦厉共公至秦简公时期所筑，魏军攻占河西后，秦国沿洛水西岸筑长城以自保；一为秦昭王攻灭义渠戎后所筑，目的在于用长城抵挡前来复仇的义渠戎后人。

秦国于洛水所筑长城早于魏国在洛水所筑的长城近百年，当时秦国尚弱，为了抵御魏军，不得不筑长城。

义渠戎在秦孝公以前时叛时降。到秦惠文王时，义渠戎的势力有所增强，曾于秦惠文王三年（前 335 年）大败秦军。周慎靓王三年（前 318 年），六国联合伐秦，义渠戎又趁机向秦国进攻，并取得胜利。

秦惠文王十一年（前 314 年），秦军进攻义渠戎，因力量有限，只攻占数城便收兵了。义渠戎成了秦国的边患，秦国一直耿耿于怀。

周赧王四十三年（前 272 年），秦宣太后诱杀义渠王于甘泉宫。接着，秦昭王起兵灭了义渠戎，在其地设置陇西、北地、上郡，并筑了一道长城巩固边防。

这道长城起于今甘肃省临洮县，向东南至渭源，然后转向东北，经通渭、静宁等县抵达宁夏固原县；由固原县折为东北方向，经甘肃省环县和陕西省横山、榆林、神木诸县，直抵黄河西岸。

秦昭王所筑长城，后来基本上为秦始皇修长城时所用。

自春秋中叶以来，中国北疆阴山山脉一带居住着薰育、猃狁、楼烦、林胡、东胡、匈奴等游牧民族。

战国时期，这些游牧民族经常活动于燕、赵、秦等国北部边疆地区，甚至深入到黄河北岸进行劫掠，给北方人民生产生活造成严重的灾难。这些游牧民族精于骑射，机动灵活，来去如风，中原各国的步兵和车兵无法抵御他们。因此，燕、赵、秦等国不得不筑长城来加强边防。

燕、赵、秦三国所筑的长城对于抵御北方游牧部族的侵略，维护内地人民生产、生活的安全，是有着极为重要的意义的。

长城是我国古代国防建设发展史上的重大创举。

秦始皇统一中国后，在燕、赵、秦原有的边地长城基础上修筑起绵延万里的秦代长城。这是“以墙制骑”的国防建设思想的具体实践，事实证明是行之有效的。

三、秦代长城

秦始皇统一中国后，为了维护和巩固统一的封建帝国，陆续采取了一系列加强国防建设和边防守备的重大战略措施，如大规模地修建万里长城，在内地和边疆开筑驰道，建立全国性的粮食战略储备体系，派重兵屯戍边疆，徙民实边等等。

在秦始皇的努力下，不久便建立起空前强大的国防。

如前所述，春秋战国时期，由于战争频繁激烈，规模不断扩大，导致军事筑城技术迅速发展起来。各诸侯国为了防御邻国的突然袭击，常在边境上修筑一些关、塞、亭、障等守备设施，后来又进一步把这些关、塞、亭、障用城墙连接起来，或把大河堤防加以扩建，于是便出现了长城。

秦始皇统一中原后，一面下令全部拆毁了内地长城，一面出于抵抗匈奴、加强国防的需要，不仅没有拆毁边地长城，而且还在上述秦、赵、燕三国边地长城的基础上进一步大规模地加以修葺、连接和增筑，这就出现了闻名中外的万里长城。

秦代万里长城的修建，分为前后两个阶段，长达 12 年之久。

第一阶段自秦始皇二十六年至三十二年（前 221—前 215 年）。这时，秦军刚刚攻灭六国，国内正在进行一系列的改革，正在推行巩固统一的各项措施，因而对匈奴采取的是战略防御方针。

在这一阶段中，为了确保边境的安全和为下一步对匈奴实施战略反击做准备，秦始皇下令重点维修了原秦、赵、燕三国的边地长城，并新筑了若干部分，使其互相连接起来。蒙恬自秦始皇二十六年（前 221 年）攻灭齐国之后，即开始率兵屯边，防御匈奴，兼修长城。

由于第一阶段的重点是维修旧长城，新筑部分不多，工程量不大，主要是由蒙恬所率部队和沿边军民完成的，没有大规模地动员全国的人力、物力和财力。

第二阶段自秦始皇三十三年至三十七年（前 214—前 210 年）。这时，国内形势已发生巨大变化，秦始皇巩

固内部的工作已经完成，边地长城的修缮已基本结束，边防已经巩固，对匈奴作战的各项准备已经就绪，已由战略防御转入战略进攻，并取得了重大的胜利。

秦始皇三十二年（前 215 年），蒙恬大败匈奴军，一举收复黄河以南的大片领土；次年又渡过黄河，攻占高阙，控制了阴山一带，从而使秦代的边境向北推进很远。为了巩固新占领的地区，秦始皇下令对长城开始第二阶段的修建。这次，投入筑长城的部队约 50 万人，民夫约 50 万人，总人力不下 100 万。

秦代长城西起甘肃省岷县，循洮河向北至临洮县，由临洮县经定西县南境向东北至宁夏固原县，由固原向东北方向经甘肃省环县，陕西省靖边、横山、榆林、神木，然后折向北方，至内蒙古自治区境内托克托南，抵达黄河南岸。

秦代长城不是一道单纯孤立的高墙，而是以高墙为主体，同大量的城、障、亭、燧相结合的防御体系。

高墙是一道坚固而连绵不断的长垣，用以阻挡敌人骑兵，一般修在险峻的山脊上或河谷之侧，只有草原、荒漠之处才平地筑墙。长城最下一层为生土，高约 1.5 米；生土之上为压实的黄土，厚约 3 米，进深约 10 米；黄土之上筑有夯土的城墙，墙高约 2 米，宽约 3.5 米，夯土层厚 6—10 厘米不等。长城断面呈梯形，高约 2.5 米，上宽约 2 米，基宽约 3.6 米，夯土为黄色黏土并夹有碎石。从侧面远望，长城立于山梁之上，犹如长龙起伏，雄姿勃勃。

与长城高墙相结合的是大量的城和障。

所谓“城”，本指用作防御的城垣，里面的称城，外面的称郭。而这里与长城紧密相连的城是指在长城沿线所修筑的军事要塞，主要用于驻军，也用于住民，以利军民结合，共守边防，开发边疆。如秦始皇三十三年（前 214 年）命蒙恬在黄河之滨的长城上设置 44 个县，就是在沿黄河筑长城的同时，在各要害处筑城，以加强对重点地段的控制和防御。又如在今河北围场境内的秦汉长城遗址旁边，发现许多与长城紧密相连的小城，城的面积不大，城与城之间相距数十里不等，也有的小城建在长城内外的纵深方向。这些城都是用来加强重点地段的防御的。

所谓“障”是指长城险要处用作防御的小城堡，与城的区别在于大小不一和作用不同：城比障大，既驻军又住民；障比城小，只住官兵，不住居民，用来加强险要之处的扼守。

城和障都是长城的重要组成部分，有了这两项设施，长城的防御作用才能

得到充分的发挥。

与长城配套的辅助设施还有大量的亭、燧。

亭是古代边境上监视敌情的岗亭，有守望、战斗、通信等作用，往往与障、燧相结合，因此亭障、亭燧常常并称。

燧是古代报警的烽烟。长城上的燧是一座座高台，上面有士兵瞭望，下面有士兵守卫，如果发现敌情时，白日燃烟，夜间点火，因而也称“烽火台”或“狼烟台”。燧是长城的重要配套设施，为长城上不可缺少的组成部分。

亭和燧都设在高处，根据地形条件，相距十里左右一个。有些亭、燧分置长城两侧，以利各段之间互相联络；有些在长城之外向远处延伸，以利提早报警；有些通往首都方向，以利军情尽快上达；还有些通往附近的驻军大营和郡县，以利迅速采取应敌行动。

秦始皇大修万里长城，并不是因为国力虚弱，也不是因为秦军怯战，而是由于古代中原农业经济的特殊性所致。

农业生产需要安定的环境，要耕耘、要收获，而游牧民族则逐水草而居，飘忽无定，富有侵扰性和掠夺性。中原大军一旦出击，匈奴骑兵就远遁他方；中原大军一撤，匈奴骑兵扰掠如故。秦始皇军事力量强大，能够东灭六国，南平百越，当然可以一举击败匈奴。但是，击败匈奴却不能征服匈奴和占有匈奴，无法改变其生活条件、环境和侵略习性，也无法根除其出没无常的劫掠之患。正是从一劳永逸的百年大计出发，为让百姓能在和平环境中耕种安居，秦始皇才决定大修万里长城，确保边防的巩固和国家的安全。

万里长城不仅保护了中原地区的经济文化免遭匈奴的破坏，而且对边境地区的开发建设也作出了巨大的贡献。

秦代在长城沿线设置陇西、北地、上郡、九原、云中、雁门、代郡、上谷、渔阳、右北平、辽西、辽东等12郡，有些郡的辖境远出长城之外。这些地区在长城的庇护之下，人民得以安居乐业，土地得到开发，农业生产得到发展。特别是黄河沿岸，经秦始皇大批移民和设置44个县之后，很快成为新的经济繁荣地区。

万里长城为许多封建王朝的统治者所继承，经过两千多年的不断修缮和扩建，越来越宏伟壮观，成为我国军事史上的奇迹，是中华民族的骄傲。

四、汉代长城

秦王朝覆灭后，刘邦、项羽之间发生了楚汉战争。最后，项羽自刎，刘邦重新统一了中国。

在这一时期，我国北方的匈奴族在冒顿单于的领导下，以武力统一了我国北部的蒙古高原，建立起一个东到辽河、西逾葱岭、南依阴山、北临贝加尔湖的强大奴隶制军事政权，常常南下侵扰，奸淫掳掠。

刘邦称帝的第二年（前201年），下令修缮了秦昭王时所筑的长城，对匈奴采取和亲政策，实施战略防御。

汉朝经过汉文帝和汉景帝两代的休养生息，到汉武帝时，社会经济繁荣发展，国力也大大加强了。

汉武帝对掠夺成性的匈奴奴隶主早有戒备，并予以坚决的回击。

汉武帝元朔(前128—前123年）年间，匈奴不断入侵辽西、上谷、渔阳，杀人掠物。汉武帝闻报，命卫青、霍去病统兵大破匈奴。

为了有效地阻止匈奴的突然袭击，汉武帝认为除了以武力抗击之外，必须加强防御工事。于是，在收复了被匈奴侵占的土地之后，汉武帝下令把秦始皇时所修的长城加以修缮。

汉武帝不仅修缮秦代长城，而且还大力新筑长城。

汉武帝元狩二年（前121年），汉武帝令骠骑将军霍去病率军到陇西进击匈奴。历经二十年，终于打通了两千华里的河西走廊，设置了武威、酒泉两郡，开辟了“丝绸之路”。

为了保障这条交通大道畅通无阻，汉武帝下令建筑河西长城，并沿路筑起烽燧亭障。

汉代长城较秦长城有所发展，并修筑了外长城，总长度达两万里。汉代是

中国历史上修筑长城最长的一个朝代。

河西长城有力地阻止了匈奴的进犯，对开发西域屯田，发展西域诸属国的农牧业生产，促进社会进步，特别是对打通与西方国家的交通，发展同欧亚各国的经济贸易、文化交流起了重大的作用。

两千年前，中国的丝织品通过这条“丝绸之路”，经康居、安息、叙利亚运抵地中海沿岸各国，在国际市场上享有很高的声誉。

这条“丝绸之路”从长安出发，长达两万多里，在汉王朝管辖地区就有一万里以上。

当时，西方国家的毛织品、葡萄、瓜果等也沿着这条“丝绸之路”输入中国，在中国安家落户。

中西方文化艺术通过这条大道也得到了交流。

河西长城保护了这一国际干道的安全，在历史上具有非凡的意义。

五、南北朝至元代的长城

从汉代末年开始，历经三国，直至西晋末年，在这一段历史时期内，由于北方匈奴、鲜卑等少数民族内迁，定居今河北、山西、陕西一带，北方长城已失去国防上的意义，没必要再修再建了。

西晋太康二年（281 年），鲜卑侵掠北平（即汉时右北平，晋代去掉了“右”字）。晋武帝闻报，立即派遣唐彬主管幽州诸军事，对秦汉长城东段做了一次修缮，这是唯一的一次。

我国是一个多民族的国家，除汉族外，在中国历史上曾有许多少数民族王朝统治过中国。

西晋灭亡后，我国北方陷入大混战的局面，先后出现了五胡十六国。十六国的前凉、前燕、前秦等少数民族曾统治过中国的部分地区。

从南北朝开始，统治中国北部地区的先后有北魏、东魏、西魏、北齐、北周。

后来，辽、金、元、清等朝代统治中国时，其统治范围越来越大。尤其是其中的元代和清代，曾统治过全国广大地区。

这些少数民族的统治者在统治了以农业生产为主的发达地区后，为了防止其他少数民族的侵扰，不得不修筑长城。

从南北朝到元代这一时期的长城，大都是少数民族王朝修建的。其中，北魏、北齐和金代修的长城规模都很大。

西晋灭亡后，我国北方陷入各民族的大混战中，十六国相继割据称雄。这些由塞外入侵中原的各族所建立的政权多占有长城内外的大片领土，当然没有修筑长城的必要。

4 世纪初，北魏政权建立后，逐步吞并了十六国中幸存的后燕、夏、北燕、北凉，于太武帝太延五年（439 年）统一北方，开始与南朝的宋国形成南北对峙的局面。

4 世纪末至 5 世纪初，柔然族在蒙古草原上兴起，成为同北魏王朝对立的

强大势力。在北魏与南宋对峙的形势下，柔然族的兴起成为北魏的心腹之患。

北魏道武帝曾发兵进攻柔然，夺马千余匹，牛羊万余头，柔然首领率众远走漠北。

北魏天兴五年（402 年），柔然社仑自称可汗，控制了东至辽东半岛，西到新疆焉耆，以及大漠南北的广大地区。

北魏王朝的主要敌国是南朝的宋国。为了解除后顾之忧，免于两面作战，实现南下的战略意图，北魏决定修筑长城以防柔然。

泰常八年（423 年）二月，北魏筑长城于长川之南，起自今河北省的赤城，西至内蒙古自治区五原县境，延袤两千余里。这条长城限制了柔然的南进，也切断了柔然地区同中原的经济往来。

北魏为了解除柔然的威胁，开始致力于巩固北部的边防。太武帝太平真君七年（446 年）六月，征发司、幽、定、冀四州十万人筑畿上长城，用以护卫京都。这道长城起于今北京市居庸关，向南经山西省灵丘等地，至山西省河曲县黄河之滨。当时，北魏建都平城（今山西大同东北），这是继泰常八年所筑长城之内建立的第二道防线。

北魏孝武帝永熙三年（534 年），受大丞相高欢所逼，孝武帝逃往关中。高欢另立元善见为帝，迁都邺城（今河北省临漳县西南），北魏从此分裂为东魏和西魏。据《资治通鉴》所载：东魏武定元年（543 年），东魏丞相高欢下令修筑长城，以防西魏与柔然联兵进攻。这段东魏长城起于今山西省静乐县，止于山西省代县崞阳镇，其地均在恒山山脉中，两地相距一百五十余里。

东魏武定八年（550 年），高欢之子高洋取代东魏称帝，建立齐国，史称北齐，建都于邺城，据有今洛阳以东晋、冀、鲁、豫四省及内蒙古的一部分。

北齐共六帝，历时仅二十八年。在这短短的历史时期里，北齐十分重视修筑长城。北齐北部长城主要用于防御突厥、契丹等外族入侵，西部长城则主要用于防御取代西魏的北周政权。

北部长城主要由文宣帝高洋所筑。天保三年（552 年）至天保八年（557 年），较大规模的修筑长城竟有五次。

高洋建立北齐后，与之隔河对峙的西魏国势正盛，因此在西部边界上修了黄栌岭至社平戍的长城。黄栌岭

在南朔州，治所在西河郡（今山西汾阳）西北六十里；社平戍在朔州，治所在广安郡（今山西朔县）西南，属汾水上源。这条位于河东地区呈南北走向的长城长达四百里，主要是用来防御西魏的。

北齐初建国时，北方的突厥势力逐渐壮大。突厥在打败柔然后，其首领木杆可汗于553年建立突厥汗国，经常侵扰北齐边境。为了防御突厥，天保六年（555年）降诏征发民夫一百八十万人修筑长城。这道长城自幽州北夏口西至恒州，长达九百余里。

北齐时幽州治所在燕郡（今北京）；夏口即居庸关下口，在今北京市昌平区居庸关上；恒州原系北魏都城平城，迁都洛阳后改称恒州，治所在今山西大同。这一长城系利用北魏太平真君七年所筑畿上长城东段加以修缮而成的。

天保七年（556年），北齐又修了东西三千余里的长城，自西河总秦戍筑起，东至大海。这道长城每隔六十里设一戍所，于要害处设置州镇，总计二十五处。

西河即南朔州的西河郡，在今山西汾阳；“总秦戍”是鲜卑语军戍名称，在今山西大同西北境。这里所说自西河总秦戍起东至大海的长城，是在天保三年所筑黄栌岭至社平戍长城及天保六年所筑恒州至夏口长城的基础上，加以连缀与增补而成的。这条长城从今山西汾阳西北起，北上经朔县至大同北，折而东行，经天镇附近进入河北省境，至赤城向东直达渤海之滨。其中由总秦戍至河北东燕州昌平郡下口的一段系利用北魏太平真君七年所筑长城，其东西两段是北齐新建的。

北齐时，还在长城之内另修了一道长城，叫作“重城”，是分三个阶段完成的：1. 库洛拔至坞纥戍长城　兴建于天保八年（557年），是一条在今山西境内偏关东经朔县南、代县北、雁门及平型关而达灵丘以南冀晋交界处的长约四百里的长城，是为了进一步加强对北方突厥的防御而兴建的。2. 勋掌城　建于河清二年（563年）四月，勋掌城建于轵关的西面，邻近北周的领土，呈南北走向，为防御北周而建。轵关又名轵关陉，为太行八陉中的第一陉，在今河南济源西北，地当太行山隘口进入河北的要冲，在北齐怀州河内郡（今河南沁阳）之西。3. 库堆戍至海长城　兴建于河清三年（564年），起点系利用东魏武定元年所筑“西自马陵戍东至土墱”的长城加以修葺，东至代县北雁门关附近与天保八年所筑重

城会合，至坞纥戍以东进入今河北境内后，则斩山筑城，断谷起障，增筑新城至居庸关，并东出怀柔北与外城会合，再向东沿旧城而达勃海北岸山海关，长二千余里，沿途置戍所五十余。其间坞纥戍至居庸关一段系新筑，其余均为利用原有长城重新修葺。

北齐先后三次修筑重城，天保八年所筑为山西偏关至灵丘段，长四百余里；河清二年所筑为轵关西邻近北周段，长二百里；河清三年所筑为灵丘至居庸关东北与外城会合处，由于工程不够完固，天统四年（568 年）、武平六年（575 年）、隆化元年（576 年）和承光元年（577 年）都曾进行修缮。

577 年，北周攻灭北齐。

北周统一北方后，为防突厥犯边，也曾修缮长城，是对北齐天保七年起于西河总秦戍的长城的重新修缮。

北周静帝大定元年（581 年），杨坚取代北周称帝，建立隋朝。

隋文帝开皇三年（583 年），迁都大兴（今陕西省西安）。九年，隋文帝发兵灭掉江南的陈国，实现了南北统一，结束了东晋以来二百余年的分裂局面。

隋朝疆域广阔，东到大海，西到今新疆东部，西南至云南、广西和越南北部，北到大漠，东北至辽东。

隋文帝实行了一系列有助于国家统一和促进社会经济恢复和发展的政策，国力增长十分迅速。

当初，隋朝刚刚建立时，北方的突厥汗国在沙钵略可汗统治下，势力强盛起来；东北部的契丹也兴起了。这两个少数民族经常扰掠隋朝边郡。隋文帝为了解除北方的后顾之忧，以便集中力量南下灭陈，完成南北统一大业，便于建国的第一年两次在北方修筑长城。

开皇三年（583 年），突厥发生内乱，分裂为东西两部，互相攻杀。隋朝支持东突厥，封其头目为启民可汗，允其迁居白道川（今内蒙古呼和浩特西北）。在隋朝强盛时期，边境是安定的。因此，隋朝修筑长城的规模较小，多是在前朝长城基础上做些修缮。据史籍所载，隋文帝在位期间，修筑长城前后共有五次。

隋文帝仁寿四年（604 年），隋文帝被太子杨广杀死。杨广即位，是为隋炀帝。隋炀帝即位之后，决定迁都洛阳，每月投入役丁二百余万人营建洛阳都城。同时，隋炀帝又征发十万余人掘修了一道两千余华里的长堑。这道保卫洛阳的长堑自今山西省河津县龙门黄河之滨起，东经山西高平和河南汲县、新乡，渡

黄河后，由开封、襄城而达陕西商县。

除此以外，隋炀帝还两次大规模地修筑长城。

第一次是大业三年（607年）七月，征发民夫百余万筑长城，西起榆林，东至紫河。隋代榆林郡在今内蒙古托克托黄河南岸，紫河即今内蒙古和林格尔县南的浑河。这道长城从今托克托起东行，至和林格尔东南浑河东岸的杀虎口止，是用于防御突厥的。第二次是大业四年（608年）秋七月，征发民夫二十余万筑长城，自榆谷而东。隋代榆谷在西宁卫（今青海西宁）的西面。当时，在青海一带的吐谷浑建都于伏俟城（在"青海湖"西岸十五里处），控制西域鄯善、且末等地。大业四年（608年），吐谷浑伏允可汗入侵隋西平郡（治湟水，今青海乐都），隋炀帝出兵两路迎击，伏允败逃。上述自榆谷起所筑长城，就是为了防御吐谷浑入侵的。

综观隋代从581年到608年的短短二十八年间，修筑长城先后达七次之多。

隋代对长城的修筑虽然次数很多，有时征发的劳力数量也很大，甚至超过百万之众，但大多是就原有长城加以修缮，没有大量增筑，较秦汉时期长城的工程规模差远了。

据1998年11月17日《华声报》报导，考古学家在中国第三大沙漠——毛乌素沙漠的边缘发现了一段距今1400多年的隋代古长城。这段长城位于宁夏回族自治区的盐池县，距首都北京700公里左右。这段长城墙体残高在1米—2.8米之间，残宽在5米—13米之间，墙体外有5米—9米宽、0.6米—1.5米深的浅沟。这段中国仅存的隋代长城基本与600年前建造的一段178公里长的明代长城平行。中国各朝代建筑的长城总长度大约有6000公里，其中350多公里长的隋代长城东起陕西绥德，西至宁夏灵武，但大部分被明代长城叠压利用，露出地面的仅此一段而已。

长城对巩固隋朝北部及西北边防，抵御突厥和吐谷浑袭扰，保证人民生命财产安全起了很大的作用。

唐太宗李世民即位后，调整了统治政策，采取了轻徭薄赋、团结各族人民、大力发展生产等一系列措施，使国家出现了前所未有的升平景象，史称"贞观之治"。

当时，唐王朝立国不久，尚处在外夷包围之中：北有东突厥，西北有高昌、

西突厥，西有吐谷浑、吐蕃，东北有契丹、奚、高丽等。唐太宗本着“不战而屈人之兵者，上也；百战百胜者，中也；深沟高垒者，下也”的原则，拒绝了群臣提出的在大漠边缘修筑一道长城的请求。他不肯用长城将华夷隔绝开来，而是广泛地团结周边各少数民族。为实现这一目标，唐太宗采取了茶马互市、联姻和亲、结盟纳降等一系列措施，取得了巨大的成功。唐太宗在安边问题上突破了传统思路，积极进取，大胆创新，不修长城，胜修长城，表现了一代“天可汗”海纳百川的博大胸怀。

唐玄宗在位期间，北方契丹崛起，边患频仍，不得已派幽州节度使张说负责修建了一段长城。

这段长城修建于唐玄宗开元六年至八年（718—720年），是唐朝修建的唯一一段长城，目的是为了抵御外族入侵。这段长城最高高度有6米，底宽4—5米，顶宽2—3米，每隔1公里左右修建一座烽火台，烽火台地基为10米见方。这条长城西起宣化、崇礼、赤城三县交界处的大尖山，东到万泉寺乡的古字房止，全长70多公里，横贯整个赤城县中南部，是张家口地区建在平川上的长城。

为了防御唐朝进攻，高丽自荣留王十四年（唐贞观五年）到宝藏王五年（唐贞观二十年），用16年的时间修了一道东北西南走向的千里长城。明代长城辽河流域一段就是在高丽长城的一段旧基上修建的。

在黑龙江省牡丹江市，有三段距今1200年的边墙遗址。这是我国东北地区最东部的防御性长城遗址，被文物工作者称为“渤海国长城”。这是渤海国为防御北方黑水靺鞨入侵而修筑的，是与我国秦代长城具有同样性质的军事防御工程。这道长城全长约100公里，高达4米。“渤海国长城”已经被列入世界文化遗产名录，是黑龙江省第一个列入世界文化遗产名录的文物遗址。

唐朝灭亡后，中国历史进入五代时期，先后出现了后梁、后唐、后晋、后汉、后周五个朝代，因而史称“五代”。

五代时，后晋高祖石敬瑭为了在契丹的兵力支援下称帝，竟将长城一带的燕云十六州割让给契丹。从此，长城落入契丹版图。

后来，宋朝虽然统一了中原，但始终未能收复燕云十六州。宋太宗为此愤愤不平，为了收复燕云十六州，曾御驾亲征，结果被契丹铁

骑围攻，侥幸捡一条命，大败而归。

宋朝统治范围在原来秦、汉和北朝所筑长城的南面，原来的长城已在辽、金境内。宋太宗太平兴国四年（979年），曾命潘美等人在雁门一带修筑了一些城堡，用以警备辽军南下。由于北边失去了万里长城这一国防上的重要屏障，成为北宋外患严重的重要原因之一。基于同样原因，北宋完全暴露在强大的金国面前，以至于靖康年间，金国铁骑长驱直入，如入无人之境，轻易地灭了北宋。

至于契丹族，本来就是北方的游牧民族，地跨长城内外，长城对他们毫无用处，当然不会去修筑它。

宋徽宗政和五年（1115年），我国东北女真族建立了金王朝。金王朝在灭掉了辽国和北宋后，统一了整个北中国。

12世纪末至13世纪初，蒙古族在成吉思汗的领导下勃兴于大漠南北。金章宗泰和六年（1206年），成吉思汗建立了蒙古汗国。

蒙古汗国的势力越来越强大，而金政权的统治力量却内外交困，日益衰弱，对强大的蒙古汗国不得不采取消极的防御措施——修筑长城。

金王朝西北与蒙古接壤，为了防御蒙古入侵，曾大规模地修筑长城，规模之大超过了秦汉以后的各代长城。

金代长城有两道，一道是明昌旧城，一道是明昌新城。

明昌旧城过去被称为“兀术长城”或“金源边堡”，位置在今黑龙江省兴安岭西北黑龙江沿岸，长达一千里，是八百年前金王朝为防御蒙古入侵而修的。

明昌新城也为防御蒙古而修，在明昌旧城之内，又称“金内长城”、“金濠堑”、“边堡”等。这道长城西起静州（今黄河河套陕西部分），东达混同江畔（今黑龙江省松花江），经陕西、山西、河北、内蒙古、辽宁、黑龙江等省市，长达三千多里。

元代版图横跨欧亚大陆，统治长城内外。长城对元代统治者来说意义不大，当然不会去筑长城。

但是，元代统治者为了防止汉族和其他各族人民的反抗斗争，检查过往客商，曾对长城上的许多关隘加以修缮，并设兵把守。

六、明代长城

明代长城是明朝在其北部地区修筑的军事防御工程，也称“边墙”。

明代长城东起鸭绿江，西达嘉峪关，横贯今辽宁、河北、天津、北京、内蒙古、山西、陕西、宁夏、甘肃等九省、市、自治区，全长6300多公里，俗称“万里长城”。

朱元璋建立明朝后，退到漠北草原的蒙古贵族鞑靼、瓦剌诸部仍然不断南下骚扰抢掠；明代中叶以后，女真族兴起于东北地区，也不断举兵南下，威胁明朝边境的安全。

为了巩固北方的边防，在明朝二百多年统治中，几乎没有停止过修筑长城。

明太祖洪武五年（1372年），出动大军15万，兵分三路进击漠北，西路打通了河西走廊，设置甘州诸卫。

洪武二十年（1387年），大将军冯胜、蓝玉经略东北，将边界推进到大兴安岭以西。

明成祖朱棣即位后，永乐八年至永乐二十二年（1410—1424年）的十五年间，先后五次发兵深入漠北，迫使瓦剌和鞑靼分别接受了明王朝的册封。

至此，明王朝的北部边防线推进到大兴安岭、阴山、贺兰山以西以北一带。

为了保卫北部边疆，明廷开始大修长城。

明代前期的长城工程主要是在北魏、北齐、隋长城的基础上高其墙，深其壕，修其烽堠。各处烟墩均增高加厚，上贮五月粮秣，柴薪药弩齐备，墩旁开井，局部地段将土垣改成石墙，修缮重点放在北京西北至山西大同的长城和山海关至居庸关的沿边关隘。

“土木之变”发生后，瓦剌、鞑靼不断犯边掳掠，迫使明王朝把修筑北方长城视为当务之急。

明英宗正统十三年至明世宗嘉靖四十五年（1448—1566年）的一百多年间，明廷对长城进行了大规模的兴筑。

明朝为了有效地对长城全线进行管理和修筑，将东起鸭绿江、西至嘉峪关的长城全线划分为九个防区，派总兵官统辖，也称镇守。九个防区称“九边”

或“九镇”，其总兵驻地和所辖长城地段如下：

其一，辽东镇。辽东镇总兵官初治广宁卫（今辽宁北镇），明穆宗隆庆（1567—1572年）以后，冬季移驻东宁卫（今辽宁辽阳）。辽东镇管辖的长城东起今丹东市宽甸县虎山南麓鸭绿江边，西至山海关北吾名口，全长975公里，由宽甸堡、海盖、开原、锦义、宁远五名参将分段防守。辽东镇长城大都没有包砖，现存遗迹较少。

其二，蓟镇。蓟镇总兵官治三屯营（今河北迁西三屯营镇）。蓟镇管辖的长城东起山海关老龙头，西至榆关（今河北邢台市西北太行山岭），全长1500多公里。蓟镇长城分为蓟州镇、昌镇、真保镇三个管辖段。1.蓟州镇又由三路副总兵分管：东路自山海关至建昌营冷口，中路自冷口至马兰峪，西路自马兰峪至石塘路慕田峪。2.昌镇管界东自慕田峪，连石塘路蓟州界，西抵居庸关边城，接紫荆关真保镇界，由参将三人分三路镇守，三路为黄花镇、居庸关、横岭口。3.真保镇管界自紫荆关沿河口，连昌镇界，西抵故关鹿路口，接山西平定州界。真保镇管辖段分别由紫荆关、倒马关、龙泉关、故关四参将分守。蓟镇长城是现存万里长城遗迹中保存最完整的一段。

其三，宣府镇。宣府镇总兵官治宣府卫（今河北宣化）。宣府镇管辖的长城东起慕田峪渤海所和四海冶所分界处，西达西阳河（今河北怀安县境）与大同镇接界处，全长558公里。本镇地当京师西北门户，形势重要，边墙坚固，有内、外九重。总镇之下分六路防守。1.东路。东起四海冶连昌镇黄花镇界，北至靖安堡，城垣长66.5公里。2.下北路。北起牧马堡东际大边，西抵样田，南至长安岭，城垣长106.5公里。3.上北路。东起镇安堡，北至大边，西抵金家庄，城垣长130.5公里。4.中路。东起赤城，西抵张家口堡，城垣长89.5公里。5.上西路。东起羊房堡，西至洗马林，城垣长107公里。6.下西路。东起新河口，西至西阳河大同镇平远堡界，城垣长58公里。宣府镇长城遗迹东段砖石垒砌者多被拆毁，西段夯土墙保存尚属完好。

其四，大同镇。大同镇总兵官治大同府（今山西大同）。大同镇管辖的长城东起天成卫（今山西天镇南）平远堡界，西至丫角山（今内蒙古清水河县口子上村东山），与山西镇接界，全长335公里。自东至西分八路镇守：新平路、东

路、北东路、北西路、中路、威远路、西路、井坪路。大同镇长城遗址砖石已被拆毁，夯土城墙保存尚属完整。

其五，山西镇。山西镇也称太原镇。总兵官初治偏头关（今山西偏关），后移宁武所（今山西宁武）。山西镇管辖的长城西起河曲（今山西河曲旧县城）黄河东岸，经偏关、老营堡、宁武关、雁门关、平型关，东接太行山岭之蓟镇长城，全长近800公里。因其在宣、大二镇长城之内，故又称“内长城”，偏头关、宁武关、雁门关合称“外三关”，相对于蓟镇的“内三关”：居庸关、紫荆关、倒马关。山西镇长城倚山而筑，多为石墙，并置几重，由北楼口、东路代州左、太原左（指宁武关）、中路利民堡、西路偏头关左、河曲县六参将分守。山西镇长城遗址经过修复，尚属连贯。

其六，延绥镇。延绥镇总兵官初治绥德州（今陕西绥德），成化以后移治榆林卫（今陕西榆林），因此也称榆林镇。延绥镇管辖的长城东起黄甫川堡（今陕西府谷县黄甫乡），西至花马池（今宁夏盐池），全长885公里，在大边长城南侧另有“二边”，东起黄河西岸（今陕西府谷墙头乡），曲折迂回，西至宁边营（今陕西定边），与大同边墙相接，分别由东、中、西、孤山堡、清平堡、榆林保宁堡六路参将分守。榆林镇长城遗址多被积沙掩埋，局部地段被推平做了公路，仅夯土墩至今尚存。

其七，宁夏镇。宁夏镇总兵官治宁夏卫（今宁夏银川）。宁夏镇管辖的长城东起花马池（今宁夏盐池）与延绥镇长城接界处，西端止于宁夏中卫喜鹊沟黄河北岸（今宁夏中卫县西南），全长830公里，分五路防守：1.东路。自花马池营城东界，西至毛卜剌堡西境（今宁夏灵武东北宝塔乡）。2.中路。东南自清水营城（今宁夏灵武县磁窑堡乡清水营村）东境与东路接界起，西北至横成堡黄河东岸。3.北路。南自横城堡北境，西达镇北堡南界（今宁夏贺兰县西南），北路长城跨黄河向北绕了一个大弧形。4.南路。自平羌堡北境（今银川市平吉堡村），向南至大坝堡（今青铜峡市广武乡），西止于中卫西南喜鹊沟。宁夏镇长城遗址绝大部分埋于流沙之中，仅贺兰山段石砌城垣有断续残存，并保存一段因断层地震活动而造成的错位现象。

其八，固原镇。固原镇总兵官治固原州（今宁夏固原），因总督陕西三边军务开府固原，所以也称陕西镇。固原镇管辖的长城旧为东起延绥镇饶阳水堡西界，西达兰州、临洮，绵延千余里。明后期改线重建，全镇长城划分四路分守：1.下马关路。东自延绥镇饶阳水堡（今陕西定边陈旧原乡辽阳村）西界起，西达西安州所绵沙湾口（今宁夏海原县西北棉山湾）。“梁家泉新边”东南起自今同心县徐冰水村东南大罗山，西北过红寺堡抵达今中宁县鸣沙镇黄河南岸，也属此路分守。2.靖虏路。东起乾盐池堡东北绵沙湾口，西达平滩堡大狼沟墩（今甘肃靖远县西南平滩乡）。隆庆年间营建的“裴家川边墙”东自中卫西南黄河南岸，西至迭列逊堡南境（今靖远县水泉镇西空心楼村）。3.兰州路。东起黄河东岸一条城堡（今甘肃榆中县青城镇），西抵高山堡南境（今永靖县境）。4.河州路。北起河州卫（今甘肃临夏市南）黄河东岸，南达旧洮州堡（今甘肃临潭）。5.芦塘路。东南起索桥，西北达红水堡西境与甘肃镇松山新边分界。固原镇长城遗址除景泰县境“松山新边”保存较完整外，其余地段城墙坍塌严重，仅保存夯土墩台。

其九，甘肃镇。甘肃镇总兵官治甘州卫（今甘肃张掖）。甘肃镇管辖的长城东南起自今兰州黄河北岸，西北抵达嘉峪关南祁连山，全长800余公里，划分五路防守：1.庄浪路。东南起自沙井堡（今兰州市黄河北沙井驿）与固原镇安宁堡分界处，西北至镇羌堡庄浪河南岸（今甘肃天祝县金强驿）。2.凉州路。东南起自安远站堡南境（今天祝县），达于定羌墩堡古城（今甘肃永昌西北）。3.甘州路。东自山丹石峡口堡接凉州路界，西止高台所九坝堡西界。4.肃州路。东起镇夷所胭脂堡，接九坝堡西界，西止嘉峪关南红泉墩（今甘肃肃南裕固族自治县祁文乡卯来泉村西南）。5.大靖路。东起阿坝岭堡双墩子，接固原镇芦塘路西界，西至泗水堡同凉州路旧边相接。这一段称“松山新边”。甘肃镇长城遗址虽经风沙剥蚀堆埋，仍保持连贯的墙体，山丹境内还保存着一段两条以十余米间距平行的墙体。

以上九镇所辖长城总长超过万里，故称“万里长城”。

明长城由城墙、关、城堡、墙台和烟墩等组成完整的军事防御工程体系。

城墙是明代长城工程的主体，墙体依材料区分为砖墙、石墙、夯土墙、铲山墙、山险墙、木栅墙、壕榨等类型，随地形平险、取材难易而异。除蓟镇长城的墙身全部用条石、青砖砌筑外，其余诸镇长城多采用夯土墙，仅关城和敌楼表层要包砖。铲山墙指将天然山体铲削成陡立的墙壁；山险墙一般依托峻峭的山脊用砖石垒砌；木栅墙指树林中的木栅栏墙；壕榨指挖掘壕堑后于一侧培筑的土垣。

明代长城的城墙断面呈梯形，下大上小，至于城墙的高厚尺寸要随形势需要而有异。城墙顶面外设垛口，内砌女墙，两面皆作垛口者，如北京慕田峪长城，完全是因为军事控守地位的重要。

砖、石结构的长城以北京八达岭居庸关为例，用整齐的条石砌成墙身外侧，内部填充灰土碎石，平均高 7—8 米，基宽 6—7 米，顶宽 5—6 米。顶部用青砖砌成垛口、女墙，垛口高约 1.8 米，女墙高约 1.2 米。垛口开有瞭望口和射孔。墙体顶面用方砖铺砌，两侧设有排水沟和出水石咀。墙身内侧间隔修砌券门暗道，以供守城士卒上下之用。

关城是出入长城的通道，也是长城防守的重点。关城建有砖砌拱门，上筑城楼和箭楼。一般关城都建两重或数重，其间用砖石墙连接成封闭的城池，有的关城还筑有瓮城、角楼、水关或翼城，城内建登城马道，以备驻屯军及时登城守御。关城与长城是一体的，是长城的重要组成部分。

城堡按等级分为卫城、守御或千户所城和堡城，按防御体系和兵制要求配置在长城内侧，间有设于长城墙外者。

卫城与所城之间相距约百余里，卫城周长 6—9 里，千户所城周长 4—5 公里，均为砖砌城墙，外设马面、角楼。其城门建有瓮城，有的城门外还筑有月城或正对瓮城门的翼城，以加强城门的控守。城内设有衙署、营房、民居和寺庙。卫城、所城与长城的距离或近或远，在长城所经之地选位置适中、地势平缓、便于屯垦的地方修建。

堡城可称边堡，间距10里左右，城周1—3里，砖包城垣，开一两个城门，建有瓮城门。城内有驻军营房、校场、寺庙。边堡同长城的间距一般不超过10里，遇警时可迅速登城。

墙台设在长城之上，大约间隔300米设有一座，突出墙外。台面与城墙顶部相平，建有铺房，供守城士卒巡逻时躲避风雨之用。墙台外沿砌有垛口，用于对攻城之敌进行射击。

敌台也称敌楼，跨城墙而建，分二层或三层，高出城墙数丈，开有拱门和箭窗，内为空心，守城士卒可以居住，还可储存炮火、弹药、弓矢之类的武器。顶面建有楼橹，环以垛口，供瞭望之用。敌台要选长城险要之处而设，周阔十二丈，可容三四十名军士。空心跨墙敌台是戚继光担任蓟镇总兵时创建的。

烟墩也称烽燧、烽堠、墩台、亭、烽火台等，是一种白天燃烟、夜间明火以传递军事情报的建筑物，多建于长城内外的高山之巅、易于瞭望的丘阜或道路转弯处。烟墩形式是一座孤立的夯土高台或砖石砌成的高台，台上有守望房屋和燃放烟火的柴草和报警的号炮、硫磺、硝石，台下有用围墙圈成的一个院落，院内有守军住房、羊马圈、仓房等。

烟墩的设置有四种：一是紧靠长城两侧，称“沿边墩台”；二是向长城以外延伸的，称“腹外接火墩”；三是向内地州府伸展联系的，称“腹里接火墩台”；四是沿交通线排列的，称“加道墩台”。大约每隔10里左右设一墩台，恰好在人视力所及的范围之内。

今河北、山西省交界处的内长城，因山势险峭，依山为障而未筑墙，仅在山隘、谷口、河流折曲崖岸处建筑砖砌空心敌楼，依次编号为“某字某号台”，驻兵把守，兼有守御和传递信号之用。

长城出土文物中有一份明代印制的《兵守炮号令》，反映了有关边防报警、烟火信炮的制度：“营寨墩堡发现敌情时，如有敌兵十名以下，则白天烧烟柴一堆，放炮一个，夜间举火一把，放炮一个；敌兵在20名以上，则烟柴、火把、火炮各二；敌兵在百骑之上，则烟柴、火把、火炮各三；若敌有千骑以上，则烟柴、火炮接连不断。”由此可见，历史上的长城和烽燧在军事防御上有着相

当重要的地位。今天，这些古迹都成了宝贵的历史文化遗产。

河西长城有汉代长城和明代长城两道。汉代长城以壕沟代墙，明代长城则是筑墙为障。汉代长城称为“塞”，明代长城称为“边墙”。

明代长城是中国历史上工期最长、工程最大、防御体系和结构最完善的长城，对明朝防御敌骑掠扰，保护国家安全、人民顺利生产、百姓生活安定、开发边远地区、保护中国与西北域外的交通联系都起过不小的作用。明代长城的系统设置充分体现了中国古代建筑工程的高度成就和古代劳动人民的聪明才智。

明代不仅在北方修筑了万里长城，还在湖南凤凰修筑了南方长城。

明朝时期，湘黔边境的苗族百姓被划为生苗和熟苗。生苗不服从朝廷政府管辖，因不堪忍受政府的苛捐杂税与民族欺压，经常揭竿而起。为了镇压反抗，明廷拨四万两白银，在生苗与熟苗之间修筑了这道长城。这道长城把湘西苗疆南北隔离开，以北为“化外之民”的“生界”，规定“苗不出境，汉不入峒”，禁止了苗、汉的贸易和文化交往。

凤凰南方长城始建于明嘉靖三十三年（1554 年），竣工于明天启三年（1622 年）。南起于与铜仁交界的亭子关，北到吉首的喜鹊营，全长 382 里，被称为“苗疆万里墙”，是中国历史上工程浩大的古建筑之一。城墙高约三米，底宽两米，墙顶端宽一米，绕山跨水，大部分建在险峻的山脊上，由凤凰县西的亭子关，经阿拉营、拉毫关、镇竿城、得胜营、竿子坪长官司、乾州元帅府，直到喜鹊营。

南方长城是一条由汛堡、碉楼、屯卡、哨台、炮台、关门、关厢组成的军事防御体系，以此孤立和征服苗族。南方长城是沿山靠水，就地取材建筑而成的：如果有石头，就用石头来垒筑；如果没有石头，就用黄土夯制。尽管南方长城没有北方历代长城那么高大，但它并不缺少作为长城性质的军事防御工程所应该有的一切，它的军事建筑，如哨卡、堡垒、关口等等，比北方长城更为密集。

七、清代长城

康熙皇帝即位后，曾多次经过长城。长城多年失修，已经破败了。

康熙三十年（1691年）五月，古北口总兵官蔡元向朝廷提出，他所管辖的那一带长城倾塌处甚多，请行修筑，以固边防。康熙皇帝看罢奏本，根本不同意，没有准奏。他在上谕里说："秦始皇筑长城以来，汉代曾予增筑，后代亦常加修理，其时岂无边患？明末，我世祖皇帝亲统大军长驱直入，明军诸路瓦解，皆莫能当，可见守国之道唯在修德安民。民心悦则邦本得，而边境自固，所谓众志成城者是也。如古北口、喜峰口一带，朕皆曾巡阅，概多损坏，今欲修之，兴工劳役，岂能无害百姓？且长城延袤数千里，养兵几何方能分守？"

就这样，康熙皇帝决定不再修建长城了。

后来，康熙皇帝到东海巡视时，见长城绵延，直到海滨，不禁心有所感，挥毫写了一首诗："万里经营到海涯，纷纷调发逐浮夸。当时费尽生民力，天下何曾属尔家。"诗中批评秦始皇修长城，虽然工程浩大，费尽了民力，但是仍然没有保住天下，长城有什么用呢？

康熙决定改变统治策略，采取"怀柔"政策，拉拢蒙、藏各族的上层王公贵族，利用宗教信仰，用思想统治的办法代替浩大的长城工程。

事实证明，康熙皇帝不修长城是对的。这既减轻了百姓的负担，也团结了各族人民。

但是，清王朝也曾在东北地区修筑"柳条边"，用以限制牧民的活动。在个别地点也利用或修缮过一些古长城，用以镇压人民的反抗。但那毕竟是个别的，是极少数的。

鸦片战争之后，清政府为了向英国赔款，大量搜刮白银；资本主义国家工业产品和鸦片的大量输入，使我国自给自足的自然经济遭到严重破坏。在这个大背景下，中国社会阶级矛盾日益激化。安徽、山东、河南和湖北一带的贫苦农民反清结社组织——捻党随着形势的发展，拿起刀枪，壮大成为一支强大的农民起义军，活动在太平天国北方地区。太平天国革命斗争失败之后，捻军担

负起了抗清斗争的历史重任，给清廷统治以强有力的打击。

同治四年（1865 年）上半年，捻军在与清军作战中连连大捷，特别是 5 月 18 日在山东菏泽高楼寨消灭了清廷科尔沁亲王僧格林沁马队及所部一万一千余众，击毙僧格林沁本人。消息传出，中外震惊，朝野大骇。清廷只得依靠汉人掌兵，急调曾国藩率湘军淮北上勤王。

曾国藩走马上任后，改变了以往清军采用的“狂奔穷追”的战法，提出了“重点设防”、“布置河防”、“以墙制骑”和“查圩”的“变尾追之局为拦头之师，以有定之兵制无定之贼”的战略方针。

当时，清军战马极少，无法超过捻军，甚至无法达到与之抗衡的平等强势。于是，曾国藩另辟蹊径，首先在运河、沙河、贾鲁河沿岸构筑长墙工事，并发展成由点到线的防御体系。这种对付捻军的方法成为致捻军于死地的战略战术，长墙工事即清代长城。

捻军被镇压之后，淮军转而北上，进入山西，在晋陕峡谷东岸沿河布防，抵挡西北起义军东进。现存于山西境内的清代长城就是在这一时期修筑的。

清代长城不像历代长城那样沿山脊腾空崛起，给人以高耸入云、雄伟挺拔、横空出世之感，而是横卧在奔腾咆啸的黄河之滨，犹如一条巨龙奔腾欲飞。它的墙身前临大河，后依峻岭。一座座方形炮台凸出墙外，巨大的炮口射孔对准渡船靠岸的码头水湾，壁垒森严，虎视眈眈。根据晋陕峡谷南部地段 334 华里一段清代长城之形制特点而言，大致可以归结为如下三点：

其一，整个长城布局疏密有致，重点突出。清代长城的布局不像明代长城那样连绵不断，而是因地制宜，根据地势、要隘具体情况当密则密，当疏则疏。其基本原则是重要隘口、渡口要筑高墙、重墙，要设炮台；一般渡口、小道则只筑营垒、挡墙；遇河水平缓或河岸平缓地段要筑绵延千里的长墉；逢山势峭立若壁、人马难以攀援的高岸，则仅在两侧或相邻陡崖间修筑棚卡。

其二，修墙砌垒时就地取材，巧用山河实物。这一特点与历代长城相比而言，清代长城体现得最为明显。整个工程用料均系就地取材。

其三，工程设计集历代经验之大成，开时代之新风。清代长城从外观上看没有前代长城那样雄伟壮观，但清代长城在实战功能、建造技术、整体布局等方面都优于历代长城，而且很多方面的优点是历代长城所未曾有过的。也就是说，清代长城的这些特点鲜明地呈现出近代防御工程体系的雏形。其中一些特点至今仍有实战意义，可供借鉴。

清代长城同历代长城一样，并不是一道简单的城墙，与之紧密相关联的是

一些城堡、壕垒、栅卡、烽墩、寨圩等建筑。清代长城已构成了一个从中央政权通过各级军事、行政机构联系最基层军事单位及守城戍卒的完整的防御体系。

关于长城，历代称谓并不统一，初步统计有城堑、方城、长城亭障、塞、塞垣、长城塞、长堑、广长堑、长城障塞、夹道、边墙、墙堑、界壕等（不含长城）十三种之多。仅就清代长城而言，其名称也有长墙、石垒、卡垒、长垒、壕墙、长堤、长墉、堤墙和河墙等十种。如果再加上民间俗称，那就更多了。

清人王安定《湘军记》卷十六《平捻军篇》中说："长城足以抗拒骑兵，由来已久。曾国藩奉命北征，苦无战马，屡使人外出购买。马之至者无多，而捻寇日盛，不得已变计筑长城，闻者皆笑其迂。然而，东捻军和西捻军最后都失败于这长城之上。因为在长城面前，捻军的马队无所用其长，什么流动战，什么步骑联合，什么埋伏包抄战，凡此等等，都变成了无用的东西。"可以说清代长城确实把捻军限制住了。长城无疑对延缓封建制度在我国的消亡起到了一定的作用。

综上所述，清长城为古代战争防御体系向近代战争防御体系转化中的过渡形制，清长城的布局和形制之所以同历代长城有些区别，是因为社会生产水平，特别是兵器的生产水平大大提高了。这是火兵器大量代替了冷兵器和新军参加战争防御的相应结果。仅从战争防御体系的变化着眼，要研究中国军事史的发展进程，可以说起了承前启后作用的清代长城是一份极有价值的珍贵实物资料。

在中华民族文明的发祥地——黄河之滨，我们清楚地看到：随着社会生产力的向前发展，历代长城的旧面貌发生了一些相应的变化。这种变化宣告了冷兵器在战争中即将消亡和火兵器占据统治地位的来临。我们把这条既沿袭了两千多年来冷兵器防御体系的固有形制，又初露火兵器防御体系苗头的清代长城称为世界上最晚的长城。在中国长城博物馆里，它年纪最小，但它的威力是最大的。

清代长城的发现在长城研究史上极有价值，不仅把以往学术界认为的长城修筑下限从明代末年（约1614年）向后推移到清同治十二年（1873年），计一个朝代260年，而更重要的是揭示了作为中国特有的军事文化产物——长城其最终在中国大地上由军事防御体系变为历史遗迹是中国社会发展的历史必然。

八、现代长城

现代，长城回到了人民的手中，受到了无微不至的关怀。仅以八达岭长城为例，可见一斑。

1952 年，政务院副总理郭沫若提出“保护文物，修复长城，向游人开放”的建议。从此，长城的保护和利用得到了政府的高度重视。

在中央的关怀下，罗哲文等专家多次到八达岭长城实地考察、勘测，提出了科学修复长城的方案，从而开始了解放后长城的保护和维修工作。

1984 年，在邓小平“爱我中华、修我长城”的号召下，掀开了长城保护修缮的新篇章。

1987 年 12 月，万里长城被联合国教科文组织列入《世界遗产名录》，八达岭长城代表万里长城接受了联合国教科文组织颁发的《世界文化遗产》证书。

此后，八达岭特区投巨资对长城进行抢修，对关城进行复建。按照《威尼斯宪章》的要求，本着“不改变文物原状”的原则，保持了文物的真实性，使之能够完整地传给后代。

从 1953 年开始，我国投入了大量的人力、物力和财力，对八达岭长城进行了多次修复。到目前为止，八达岭长城对外开放的长度为 3741 米，游览面积由原来的 6180 平方米增加到现在的 19348 平方米，另附墙台及空心敌楼 21 座、垛口 1252 座。

修复后的八达岭长城及关城再现了历史的原貌，从而也使长城得到了科学的保护。

八达岭长城是中国长城的杰出代表，也是明代长城的精华地段。这里墙体高大，用料考究，敌楼密集，虽经受几百年来风霜雨雪的侵蚀以及自然和人为因素的破坏，但仍巍然屹立、雄风犹在、雄伟壮观、气势磅礴。

多年来，八达岭长城景区的历任管理者始终把保护放在第一位，正确处理保护与利用的关系，使八达岭长城焕发青春活力，永葆其独有的魅力。

1981 年，我国成立了延庆县八达岭特区办事处。特区办事处在发展旅游事业的同时，一直致力于长城文物的保护工作，对长城进行定期巡查，及时维修出现险情的墙体、敌楼，更换磨损的马道砖，对破坏文物保护标志和乱刻乱画等行为严加制止，维护景区秩序，规范旅游设施。

专职管理机构的设立使遗产保护步入了制度化、法制化、规范化。

改革开放后，随着人们物质生活水平的提高，到八达岭旅游观光的国内外游人与日俱增，旅游促进了经济的发展。

长期以来，为保护和宣传长城，挖掘长城文化内涵，满足游客在游览长城的同时了解更多的长城知识，国家一直控制长城两侧建控区域内不允许有任何建筑。国家先后建成开放了展示长城历史和风貌的“中国长城博物馆”、“长城全国影院”、水关长城、夜长城、残长城自然风景区等长城文化旅游景点，更丰富和突出了长城文化和特色。

五十多年来，八达岭长城已接待中外游人 1.3 亿人次，其中，外宾 1500 多万人次，特别是作为我国政府重要的礼宾外事接待场所，已接待了尼克松、里根、伊丽莎白二世、明仁天皇、叶利钦、曼德拉、普京、小布什等 400 余位国家元首、政府首脑以及众多的世界风云人物，是接待国家元首、政府首脑和中外游人最多的长城风景名胜区，先后被评为“全国十大风景名胜区之首”“全国旅游胜地四十佳之首”“全国文明风景旅游区示范点”“全国首批 4 A 级旅游景区”“爱国主义教育基地”等荣誉。“不到长城非好汉”已风靡世界各地，深入人心，将长城的影响推向天涯海角。

实践证明，世界文化遗产极大地促进了旅游业，而旅游业的发展又加强和促进了全社会对遗产的关注与保护，并从科学的旅游管理中获得可持续利用的动力。

今天的八达岭长城已经成为东西方文化交流与朋友相聚的舞台，成为联络中国与世界的友谊之桥，成为中外游人了解长城历史和中国文化的大课堂，也是对青少年进行爱国主义教育的基地。

在新的历史时期，长城有了新的内容，被赋予了新的生命力。

黄鹤楼

黄鹤楼是名扬四海的游览胜地，它濒临万里长江，雄踞蛇山之巅，挺拔独秀，辉煌瑰丽。背倚万户林立的武昌城，面临烟波笼罩的扬子江，与古雅清俊的晴川阁遥遥相望。古时便是诗文荟萃，宴客、会友、赏景的旅游胜地，是一座山川与人文景观相互倚重的文化名楼，素来享有“天下绝景”和“天下江山第一楼”的美誉，与湖南岳阳楼、江西滕王阁并称为“江南三大名楼”。

一、概述及历史沿革

黄鹤楼是名扬四海的游览胜地，它濒临万里长江，雄踞蛇山之巅，挺拔独秀，辉煌瑰丽。背倚万户林立的武昌城，面临烟波笼罩的扬子江，与古雅清俊的晴川阁遥遥相望。古时便是诗文荟萃、宴客、会友、赏景的旅游胜地，是一座山川与人文景观相互倚重的文化名楼，素来享有“天下绝景”和“天下江山第一楼”的美誉，与湖南岳阳楼、江西滕王阁并称为“江南三大名楼”。

（一）概述

武汉是“百湖之市”，如果把长江、汉水、东湖、南湖以及星罗棋布的湖看成是连绵的水域的话，城市陆地则是点缀在水面上的浮岛，武汉就是一座漂浮在水上的城市。在这个壮阔的水面上，有一条中脊显得格外突出。从西向东，依次分布着梅子山、龟山、蛇山、洪山、珞珈山、磨山、喻家山等，这一连串的山脊宛如巨龙卧波，武汉城区第一峰喻家山是龙头，在月湖里躺着的梅子山则是龙尾，这是武汉的地理龙脉。黄鹤楼恰好位于巨龙的腰上，骑龙在天，乘势而为，黄鹤楼的这种选址似乎透露出某种玄机。

黄鹤楼冲决巴山群峰，接纳潇湘云水，浩荡长江在三楚腹地与其最长支流汉水交汇，造就了武汉隔两江而三镇互峙的伟姿。在这里，鄂东南丘陵余脉起伏于平野湖沼之间，龟蛇两山相夹，江上舟楫如织，黄鹤楼天造地设于斯。黄鹤楼基座为三层花岗岩平台，四周有石雕栏围护。楼高五层，总高度 51.4 米。楼体四望如一，建筑平面为折角正方形、建筑面积共计 3219 平方米。整座楼有 72 根圆柱，梁柱门窗饰以赭红油漆，檐下配淡雅青绿彩绘。楼层层有飞檐，每层飞檐有 12 个翘角，共 60 个，其屋面用十几万块黄色琉璃瓦覆盖，使整座楼

如鹤振翅欲飞。各层匾额楹联多是近现代政界名人、当代著名书法家、画家的手笔。楼的第一层前厅正面是一幅9×6米的大型彩瓷镶嵌壁画《白云黄鹤图》。第二层正中用大幅青石板镌刻着唐代阎伯理撰的《黄鹤楼记》。石刻两侧分别为《孙权筑城》和《周瑜设宴》的仿汉代瓷嵌壁画，画面古朴凝重。第三层是一幅大型陶瓷壁画《人文荟萃·风流千古》，从左至右排列着杜牧、白居易、刘禹锡、王维、崔颢、李白、孟浩然、贾岛、顾况、宋之问、岳飞、陆游、范成大等13位诗人和他们所写的黄鹤楼的著名诗篇。第五层是全楼的顶层，四周有直接绘于壁上的大型壁画《江天浩瀚》，包括从大禹治水、屈原行吟到李白醉酒、岳飞抗金等10幅，表现万里长江上的人文故事、传说和历史。这些壁画都出自于中央美术学院著名画家之手，文化积淀厚重。

黄鹤楼是古典与现代熔铸、诗化与美意构筑的精品，获得了国家5A级景区、国家旅游胜地四十佳等荣誉。它处在山川灵气动荡吐纳的交点，正好迎合中华民族喜好登高的民风民俗、亲近自然的空间意识、崇尚宇宙的哲学观念。登黄鹤楼，不仅仅获得愉快，更能使心灵与宇宙意象互渗互融，从而使心灵得以净化，这大概就是黄鹤楼的魅力经风雨而不衰，与日月共长存的原因之所在。

（二）历史沿革

1. 三国时期

吴黄武元年(公元222年)，赤壁之战后，孙权夺取荆州，将统治中心自建业(今南京市)迁鄂(今鄂州市)，并称吴王，将武昌郡改江夏郡、辖沙羡等6县。这时的黄鹄山已成为东吴的重要军事要地。

吴黄武二年(223年)，孙权修筑夏口城，城“西南角因矶为楼，名黄鹤楼”。

2. 南北朝

宋大明六年(462年)，鲍照作《登黄鹄矶》诗，此为迄今所见最早咏诵黄鹄矶的诗。宋泰始五年(469年)，祖冲之撰成志怪小说《述异记》。书中讲述了江陵人荀环在黄鹤楼遇见仙人驾鹤并与之交谈的

故事，这是黄鹤楼称谓最早出现的文字记载。

梁普通七年(526年)，萧子显撰《南齐书》中，告诉世人，黄鹤楼神话中驾鹤仙人为王子安，“夏口城踞黄鹄矶，世传仙人子安乘黄鹤过此也”，从而使神话传说中的仙人第一次有了名字。

3. 唐朝

贞观十年(636年)，黄鹤楼的称谓第一次载入正史。据当年撰成的《梁书》载：梁武帝的异母弟安成康王萧秀任郢州刺史，因夏口常为战场，到处是战死者的骸骨，萧秀便命人将这些骸骨“于黄鹤楼下祭而埋之”。唐高宗显庆四年(659年)撰成的《南史》中也有类似记载。

开元十一年(723年)，崔颢作《黄鹤楼》七律诗。该诗是咏黄鹤楼诗词中最负盛名的一首，为脍炙人口的千古绝唱。由于崔诗杰出的艺术成就，黄鹤楼因此又有“崔氏楼”之称。

开元十六年(728年)，孟浩然岁暮由扬州返程回襄阳途经武昌，写下《溯江至武昌》诗。在此前后，孟浩然还借黄鹤楼抒发感情，作了《鹦鹉洲送王九之江左》等诗。

天宝十三年(754年)，李白写成《送储邕之武昌》诗，此时距他初游武昌已三十余年。其间，李白写了大量与黄鹤楼有关的诗作，仅存世的即有《黄鹤楼送孟浩然之广陵》等16首，在历代咏诵黄鹤楼的诗人中可能是诗作最多的一位。

永泰元年(765年)，阎伯理撰成《黄鹤楼记》。《黄鹤楼记》涉及黄鹤楼的传说、地势形制、当时人物活动及感想诸方面，文简意明，流畅可诵，颇具文献价值。阎伯理在《黄鹤楼记》中，记述黄鹤楼神话传说中的仙人为费祎：“费祎登仙尝驾黄鹤还憩于此。”从而形成与《南齐书》中称仙人为子安不同的说法，使这一传说有了新的发展。

元和十年(815年)，白居易被贬江州途经武昌，登临黄鹤楼参加地方官员迎宴时，写下《卢侍御与崔评事为予于黄鹤楼置宴·宴罢同望》诗。

宝历二年(826年)，鄂州刺史、武昌军节度使、鄂岳沔蕲黄观察史牛僧孺对

鄂州(今武昌)城垣进行大规模改造。据传在这次城垣改造中，黄鹤楼首次与城垣分离，成为独立的景观建筑。

4. 宋朝

熙宁二年（1069年)，鄂州杂诗碑立于黄鹤楼后的斗姥阁。此碑刻有宋之问、崔颢、李白、孟浩然等19位诗人的39首诗。碑文直到清代仍可辨认。

元祐年间(1086—1094年)，“南楼在郡治正南，黄鹄山顶，中间曾改为白云阁。元祐年间，知州方泽重建”(南宋王象之《舆地纪胜》)，时有“鄂州南楼天下无”之赞。

绍兴年间(1131—1162年)，游仪作《登黄鹤楼》诗。该诗脍炙人口，被誉为“宋诗绝唱”。游默斋曾书之于南楼，后又为之刻石立碑。

绍兴八年(1138年)，抗金名将岳飞再次“还军鄂州”时，填写《满江红·登黄鹤楼有感》词，抒发请缨杀敌，收复山河的壮志豪情。

乾道五年(1169年)，陆游在其《入蜀记》中记：“黄鹤楼，旧传费祎飞升于此，后忽乘黄鹤来归，故以名楼，号为天下绝景。”《入蜀记》还记载了途经武昌登黄鹄山的所见所闻：“今楼已废，故址亦不复存。”提供了南宋初期黄鹤楼已实体不存的史料。

淳熙四年(1177年)，范成大在其所撰《吴船录》中，记录了由四川回江浙途经武昌登黄鹄山时见到南楼等风景名胜，而只字未提黄鹤楼。此可印证八年前陆游在《入蜀记》中所载黄鹤楼已不存在的史实。

淳熙十三年(1186年)，姜夔作《翠楼吟·武昌安远楼成》词，记述了登临安远楼(南楼)时的伤感情怀。该词谱曲后，立即在武昌传唱开来，而且历久不衰，堪称宋词中吟诵南楼的佳作。

5. 元朝

至元年间(1271—1294年)，元世祖南征至鄂，曾驻黄鹄山(旧为头陀峰)观览形胜。至正年间因建大殿以纪止跸之旧(明陈循《寰宇通志》)。

至正三年(1343年)，威顺王宽彻普化太子修建胜像宝塔，该塔是用于供奉舍利和安

藏佛教法物的喇嘛塔。

至正十八年(1358 年)，山西芮城永乐宫建成。宫内壁画中有《武昌货墨》图，该画描绘了吕洞宾在黄鹤楼仙游显化的故事，说明黄鹤楼的影响所及。

至正二十四年(1364 年)，朱元璋称王占领武昌后，前往安葬在黄鹤楼故址旁的陈友谅墓祭奠，并题“人修天定”四字于墓前。

6. 明朝

洪武四年至洪武十四年(1371—1381 年)，江夏侯周德兴主持湖广会城武昌的大规模拓展和建设，黄鹤楼在此次扩建中得以重建(修)。

永乐年间(1403—1424 年)，明成祖朱棣御制《大明玄天上帝瑞应图录》，其中“神留巨木”图画中绘有黄鹤楼。

成化年间(1465—1487 年)，因黄鹤楼“年久倾圮”“楚府宗室……捐赀倡郡人创建。都御史吴琛修葺”。

嘉靖四十五年(1566 年)，黄鹤楼“忽毁于火”。

隆庆五年(1571 年)，刘悫以都御史巡抚湖广，主持重建黄鹤楼。

万历二十四年(1596 年)，武昌新任知府孙承荣辑、任家相补辑的明刻《黄鹤楼集》，由武昌府署刊刻，分三卷，集历代黄鹤楼诗文 210 家，近 400 篇，是研究黄鹤楼的重要史料来源之一。明初及正德年间曾各有过黄鹤楼诗集，但均已散失。

崇祯十六年(1643 年)，张献忠所部败退武昌，左良玉率兵入城，黄鹤楼被毁。

7. 清朝

顺治十三年(1656 年)，御史上官铉筹资对黄鹤楼进行“粗葺”。此为清代所建的第一座黄鹤楼。

康熙三年(1664 年)，黄鹤楼被焚毁。总督张长庚、巡抚刘兆骐重建。

康熙十三年(1674 年)，总督蔡毓荣主持“补葺”黄鹤楼。

康熙二十年(1681 年)，黄鹤楼遭雷击起火，因及时扑救，损失较小。

康熙四十一年(1702 年)，因楼遭雷震倾圮，总督喻成龙、巡抚刘殿衡主持

"新构"。

康熙六十一年(1722 年)，总督满丕，巡抚张连登主持对黄鹤楼"略修"。

乾隆元年(1736 年)，湖广总督史贻直主持重修黄鹤楼。

乾隆四年(1739 年)，本年成书的《明史》提到：张献忠攻入武昌"题诗黄鹤楼"。至此有关黄鹤楼的史料被五次载入二十四史典籍(其他为《南齐书》《梁书》《南史》《宋史》)，这种情况在历代名楼中是不多见的。

乾隆四十四年(1779 年)，乾隆皇帝为黄鹤楼书写"江汉仙踪"四字横匾，后又御制"百岁寿民吴国瑞四世一堂"的诗碑置于黄鹤楼中。

嘉庆元年(1796 年)，总督马慧裕主持"彻修"黄鹤楼。因缺少大木料，而增加石础四十余件，中间贯以铁索，号称"万牛不能撼"，从此改变了黄鹤楼自始建以来的纯木结构。

咸丰年间(1851—1861 年)，第一张黄鹤楼照片由一位外国人拍摄，照片真实地反映了黄鹤楼为三层建筑，接近前朝旧制。

咸丰三年一月十七日(1853 年)太平军攻下武昌城后，在黄鹤楼上张灯结彩，庆祝夺取第一座省城的胜利。

咸丰六年十二月 (公元 1856 年)，太平军为保卫武昌城与清军展开激战，黄鹤楼毁于战火。

同治七年(1868 年)，总督官文、李瀚章，巡抚郭伯荫主持重建黄鹤楼。此次重建共动员一千余名工匠，耗银三万余两，用时十个月。

同治十三年(1874 年)，胡凤丹纂成《黄鹄山志》，比较集中地记述了有关黄鹤楼的史料，是后世系统研究黄鹤楼历史的重要参考文献。

光绪九年(1883 年)，日本诗人森春涛之子森槐南从崔颢、李白等人的咏诵黄鹤楼诗词中得到启发，填写《百字令》词，留下"巷赛乌衣、楼疑黄鹄、梅落江城笛"的佳句。

光绪十年(1884 年)，清代最后一座黄鹤楼被大火焚为灰烬。其攒尖铜顶成为历代黄鹤楼中唯一保存下来的遗物。同年，吴嘉猷(字友如)作《古迹云亡》图，真实、形象地记录了同治黄鹤楼被烧毁

的情景。

光绪十六年(1890年)，湖广总督张之洞在汉阳办铁厂时曾说，将来炼铁有效，黄鹤楼要用铁造，以避免火灾，第一个提出用铁质材料重建黄鹤楼的主张。光绪三十年(1904年)，湖北巡抚端方在黄鹤楼故址附近修建两层西式红色楼，俗称“警钟楼”。

光绪三十三年(1907年)，张之洞擢升体仁阁大学士、军机大臣之后，湖北军界和学界为颂扬张之洞治鄂功德，筹资在蛇山头建立风度楼和抱冰堂，张听说此事后，建议风度楼更名，并亲笔题写“奥略楼”三字作为楼匾。

从黄鹤楼的历史发展，我们可以明显地看到，黄鹤楼可以说是屡建屡毁，光明清就毁了七次，最终却能传承至今，不可不说是一个奇迹。新中国成立后，中央及地方文化局多次修葺黄鹤楼并对黄鹤楼进行了大量的恢复性重建工程。

与此同时，黄鹤楼的形制自创建以来，各朝皆不相同，但都显得高古雄浑，极富个性。与岳阳楼、滕王阁相比，黄鹤楼的平面设计为四边套八边形，谓之“四面八方”，这些数字透露出古建筑文化中数目的象征和伦理表意功能。从楼的纵向看各层排檐与楼名直接相关，形如黄鹤，展翅欲飞。整座楼于雄浑之中又不失精巧，富于变化的韵味和美感。

二、黄鹤楼特色建筑

（一）胜像宝塔

胜像宝塔亦称宝像塔，因其色白，又称白塔或元代白塔。因为该塔分地、水、火、风、空五轮，故也称五轮塔，有时还被称为大菩提佛塔。原在武昌蛇山西首黄鹤楼故址前的黄鹄矶头，1955 年修建武汉长江大桥时，拆迁至蛇山西部、京广铁路跨线桥旁。1984 年迁入公园西大门入口处内，位于黄鹤楼正前方约 159 米、白云阁以西 433 米处，是黄鹤楼故址保存最古老、最完整的建筑。1956 年被湖北省人民委员会列为省级文物保护单位。

胜像宝塔修建于元代至正三年(1343 年)，为威顺王宽彻普化太子建，原址塔周围有护栏，南向曾有一石牌坊，匾额上横书“胜像宝塔”四字，每字径 6 寸见宽，上款题“威顺王太子建”，下款为“大元至正三年”，是用于供奉舍利和安藏佛教法物的喇嘛塔。宝塔塔高 9.36 米，座宽 5.68 米，采用外石内砖方式砌筑，以石砌为主，内部塔室使用了少量的砖。塔由塔座、塔身、塔刹三部分组成，秀美端庄，古色古香。塔基分上下两层，下层为边角镶石的三层平台，上层是双层须弥座，雕有精美的莲花座台。须弥座上部雕刻有笙、箫、琴、瑟等古代乐器，有十分珍贵的史料价值。塔体内收外展，遒健自然；整体造型由基座向上逐渐收缩，尺度愈缩愈小，其轮廓线条大体呈三角形，看上去虽然不大，但庄重持稳，具有浓厚的端庄美。塔的外观分作座、瓶、相轮、伞盖、宝顶五部分，宝顶为合金制作。

胜像宝塔因外形类似灯笼，又俗称“孔明灯”。相传，三国时期曹操率领 83 万人马直扑江南。孙权、刘备联军抗曹，诸葛亮负责指挥联军，传令关羽日夜兼程，务必加期到赤壁会合。等关羽从樊城带领水军赶到夏口，正是半夜三更，又遇狂风暴雨，暗暗叫苦之时，不料黄鹤楼下亮起一盏巨灯，就像

悬在半空的一轮明月，把江面照得透亮。关羽又惊又喜，从容指挥兵船拐进长江，逆流而上，按期与诸葛亮会合，孙刘联军火烧赤壁，大败曹操。从那天起，黄鹤楼下的这盏灯一直不熄，天天为江上的来往船只照明指航。住在黄鹤楼里的道士发现，他们每拨一次灯芯，灯里就冒出一些油来，于是就舀来炒菜吃。有一个好吃懒做的道士想多舀些油卖了发财，偷偷用铁夹子夹住灯芯用力往外拉，那油如泉水直往外涌，哪知用力过猛，把灯芯扯掉了，这时灯里不再冒油，连整个灯都变成了葫芦形状的石塔，后来人们就把这座石塔叫作“孔明灯”。

1955年修长江大桥时，把它迁移到蛇山上。塔座是须弥座，呈十字折角形，四周分别雕刻精巧的云神、水兽、莲瓣、金刚杵、梵文等装饰。塔身为素洁的覆钵体。塔刹的基座也为须弥座形，刹身相轮十三层，上刻莲瓣承托石刻宝盖，下面刻“八宝”花纹。刹顶为铁制宝瓶。塔室内为中空式，全部密封，没有地宫。后来曾打开过，发现塔心内有石幢一个，高1.03米，下为圆座，幢身八角形，顶刻各种莲花装饰，雕刻精巧。塔室内还发现一个铜瓶，瓶底刻有“洪武二十七年岁在甲戌九月乙卯谨志”十六个字，瓶腹刻有“如来宝塔，奉安舍利。国宁民安，永承佛庇”。由此可见，瓶内装的是佛的骨灰。胜像宝塔塔顶为镏金莲珠塔刹。由下至上仰望，密檐逐层缓缓上收，檐下砖雕的斗拱层层支护，直到塔顶。塔身稳固美观，遮而不露。清乾隆皇帝在位时曾对胜像宝塔进行过精心的修缮，以至宝塔可以矗立至今。

（二）《黄鹤归来》铜雕

《黄鹤归来》铜雕位于黄鹤楼以西50米的正面台阶前裸露的岩石之上，是湖北美术学院教授刘政德、李政文的作品。由龟、蛇、鹤三种吉祥动物组成，该铜雕高5.1米，重3.8吨，系纯黄铜铸成。其雕刻工艺极为精致，黄鹤、神龟、巨蛇既生动形象，又抽象写意，鹤的羽毛、脚爪的纹线，龟背的花纹和蛇斑清晰可辨。整体看，铜雕线条流畅，华丽高贵，龟、蛇正驮着双鹤奋力向上，

而两只亭亭玉立的黄鹤则脚踏龟、蛇俯瞰人间。该铜雕以精湛的雕刻工艺和浪漫的神话传说受到游人的青睐。

“黄鹤归来”其题材源自流传于江汉之间的两个美丽的神话传说。神话一：相传古时大禹治水，感动玉帝，玉帝派龟、蛇二将协助，为镇江患，龟、蛇隔江对峙变为两座大山，形成“龟蛇锁大江”之势，从此水患平息，百姓安居。两只仙鹤俯瞰人间，非常感动，便脱胎下凡，以昭普天同庆。传说二：前文所指的老道游经武昌蛇山，在辛氏酒楼豪饮，店家诚信经营、童叟无欺。老道临别取橘皮画鹤于壁，客至鹤舞，从此辛氏业兴家富。“黄鹤归来”将龟、蛇、鹤三吉巧妙而自然地寓为一体，寄予平安吉祥，表达了江河安澜、百姓乐业、天下太平的美好祝愿。除传说之外，“龟鹤遐龄”是民间常说的颂词，“神龟寿鹤龄延年”亦被老百姓视为吉祥之兆，蛇则代表长久或长寿。在1997年，该铜雕曾被制成模型，作为湖北省人民政府迎接香港回归所赠礼品，存于香港特别行政区。

（三）跨鹤亭

跨鹤亭位于公园南区紫竹苑西北角，在黄鹤楼东南107米的半山坡上，距白云阁西南197米。亭名取自跨鹤之仙的传说。现存诗句：

跨鹤亭

紫竹萧萧扫石苔，亭间似见鹤飞来。

导游女子真罗曼，笑说桔皮辛氏财。

它于1986年重建，亭面西朝东，长4.2米，宽2.68米，高4.74米，横面呈六角形，钢筋混凝土仿木石结构，六角攒尖顶，青筒瓦，仿青砖地面，亭前有一青瓦白墙，形成幽静半封闭的场地。亭的西南面被青翠的竹林环抱，寓意“黄鹄腾紫竹之间”，亭名由天津南开大学教授乔修业书。

跨鹤者为谁无定说，最早记载黄鹤楼神话传说的是南朝祖冲之的志怪小说《述

异记》，讲述有个江陵人荀环在黄鹤楼遇见仙人驾鹤并与之交谈的故事，但没有讲明仙人是谁。萧子显在《南齐书·州郡下》中有“夏口城踞黄鹄矶，世传仙人子安乘黄鹤过此也”的记载，使仙人有了子安的名字。北宋时，人们为了纪念跨鹤之仙的传说，曾在黄鹄山脊刻字记费祎跨鹤登仙一事，后人设亭名“跨鹤”。亭旁有静春台，在山壁上刻有静春台石刻，系南宋书法家刘清之在淳熙九年(1182 年)书写，后废。唐代阎伯理在《黄鹤楼记》中转述《图经》的记载，将仙人换成了真实的历史人物，即三国时期的蜀汉大臣费祎，在元明清又变成了吕洞宾，一时之间，众说纷纭。

（四）《崔颢题诗图》浮雕

《崔颢题诗图》浮雕在黄鹤楼以东 118 米、白云阁以西 163 米处，选用四川越西黑沙石和湖南长沙花岗石雕刻而成，位于主楼和南楼之间，庄重典雅，古朴简洁，与搁笔亭相对，是一座石照壁形式的浮雕。它被称为诗碑，又被称为题诗图，浮雕长 12 米，宽 8.2 米，画面为 4×8 米，于 1990 年 6 月竣工，浮雕画面由四川省雕塑艺术学院赵树同设计。

崔颢，唐朝汴州（今河南开封）人，他才思敏捷，善于写诗，系盛唐诗人。崔颢以才名著称，好饮酒和赌博，与女性的艳情故事常为时论所薄。早年诗多写闺情，后来游览山川，经历边塞，精神视野大开，风格一变而为雄浑自然。总体来说，诗作分为三类，分别为描写妇女闺情、边塞诗和山水诗以及赠言记事等诗。图上雕绘的是他潇洒挺拔、运笔赋诗的形象，图的中央雕刻着他的千古名诗《黄鹤楼》：“昔人已乘黄鹤去，此地空余黄鹤楼。黄鹤一去不复返，白云千载空悠悠。晴川历历汉阳树，芳草萋萋鹦鹉洲。日暮乡关何处是，烟波江上使人愁。”此诗写得意境开阔、气魄宏大，风景如画，情真意切，且淳朴生动。这首诗不仅是崔颢的成名之作、传世之作，也为他奠定了一世诗名的基础。雕刻中诗句是由中国书法家协会代主席沈鹏书写。

（五）《九九归鹤图》浮雕

《九九归鹤图》浮雕在黄鹤楼东南 240 米、白云阁西南 85 米处。位于黄鹤楼公园白龙池边，幅面广阔，气势宏大，整个雕塑呈红色，极为突出、醒目，画面生动，逼真传神，“归鹤”二字系雕塑家刘开渠题写。整座雕塑分为鹤栖、鹤戏、鹤舞、鹤翔、鹤鸣五部分，共 99 只仙鹤，布局疏密相间，浑然一体，充满生机，堪为当代雕塑精品。99 只仙鹤呈现着各种不同的舞姿，加上当年神仙驾驭的黄鹤，就凑成了 100 只，浮雕包含着“黄鹤百年归”的寓意。

浮雕从 1987 年开始酝酿到最后竣工，历时四个春秋由数十名石工精心雕凿而成，是国内最大的室外花岗岩浮雕。依蛇山山势，呈不等距“Z”形。全长 38.4 米，高 4.8 米，采用 848 块四川“喜德红”花岗岩雕刻而成，这种枣红色花岗石的色彩，随着晴雨变幻，天朗气爽时似红莲花开，轻阴微雨时如渥彤海棠。整个浮雕在斜阳夕照之下，既宏伟壮观，又极富诗情画意。总面积达 184.32 平方米，总重量约 240 吨。整个浮雕画面给人以朝气蓬勃的气韵，其中又运用了高浮雕、浅浮雕和透雕等不同的雕刻手法，云兴霞蔚，日月同辉，江流不息，生机盎然，99 只不同动态的仙鹤，或戏或舞，或翔或鸣，各具情态，无一重复，和谐地分布在松、竹、梅、灵芝、流水、岩石、云霞中，象征黄鹤归来的各种姿态。

（六）黄鹤古肆

位于黄鹤楼下的旅游文化街——黄鹤古肆，是一条经营特色旅游商品的街肆，其建筑风格古朴，因富于汉味楚风而闻名于世。

黄鹤古肆位于黄鹤楼东南 290 米、白云阁以南 120 米处，是黄鹤楼公园兴建的明清式仿古建筑群，整个建筑典雅明洁，比例和谐，高低错落。长约 70 米的古街共 19 间门面，作为旅游纪念品经营街，弘扬其文化内涵是其发展的最大卖

点，使之能真正体现黄鹤楼文化和楚文化的本土特色，将传统文化、时尚生活和现代商业融为一体，韵味独特，从而为黄鹤楼这一主体品牌增光添彩。

在这里还可以尽情领略中国传统的陶艺、布艺、木艺、竹艺、结艺、剪纸等民间工艺品的精彩和钱币集藏的乐趣。“黄鹤归来”老武汉家居，以名贵的明清古典紫檀家具按照明清时代武汉家居布置陈设，装饰着名家字画，配备有古筝等民间艺术表演。“对山书屋”主要展销古往今来与黄鹤楼、与武汉历史文化有关的古、近、现代编纂的书刊、画本、图册，以及以毛泽东为代表的世纪伟人的图书、历史档案资料。店外的街上，多种形式的民间文艺演出或模特表演，更添热闹、祥和气氛。每个铺面的匾额、内壁的装饰都是一幅幅高水平的书画作品，显示出较高的文化追求。

（七）搁笔亭

搁笔亭位于公园南区，在黄鹤楼以东 132 米、白云阁西南 159 米处。现亭是 1991 年 4 月重建的搁笔亭，长 8.5 米，宽 8.25 米，高 8.72 米，亭名取自盛唐时期黄鹤楼上“崔颢题诗李白搁笔”的一段佳话。此亭坐南朝北，由十二根古铜色的柱子支撑，为钢筋混凝土仿木石结构建筑。亭内置有石制的长条案，案上放着石墨砚和石笔筒，并配四个石腰鼓凳，别含雅趣。相对于公园中黄鹤楼、白云阁等主要景点，搁笔亭一点也不出众，但与搁笔亭有关的那段传说，却在黄鹤楼的成长史上发挥过重要的作用。

据传，在崔颢题了那首被后人称作“唐人七律第一”的《黄鹤楼》诗后，号冠“斗酒诗无敌”的诗仙李白不久也登上黄鹤楼，这里的江山胜景和美妙神话令这位“谪仙人”豪兴勃发、诗情顿起，可当他正要奋笔疾书时，却发现了崔颢所题的黄鹤楼诗，于是便有了 “眼前有景道不得”，全因“崔颢题诗在上头”的感慨。

崔颢《黄鹤楼》一诗竟令李白折服搁笔，很快为人传诵，一时注家蜂起，

黄鹤楼的声名传扬得更为久远。该楼又被称为“崔氏楼”，武汉被喻为“白云黄鹤的地方”，崔颢也因之蜚声诗坛。南宋严羽在《沧浪诗话》中称：“唐人七言律诗，当以崔颢《黄鹤楼》为第一。”

对李白在黄鹤楼上是否因崔颢诗而“搁笔”，众说纷纭，莫衷一是。有的认为李白并未搁笔，有的对搁笔表示疑问，有的对李白搁笔表示遗憾和惋惜，有的对崔诗不服气，叫喊“不准崔诗在上头”，似是意气用事。清代湖北学者陈诗则冷静地进行考证，指出李白搁笔云云，实无其事。陈诗指陈了这一传闻的来历：“李白过武昌，见崔颢黄鹤诗，叹服不复作。去而赋金陵凤凰台。其后禅僧用此事，作一偈：一拳捶碎黄鹤楼，一脚踢翻鹦鹉洲。眼前有景道不得，崔颢题诗在上头。原是借此一事设词，非太白诗也。流传之久，信以为真。”

对于黄鹤楼，李白并未搁笔，他写了多首涉及黄鹤楼的诗，如《与史郎中钦听黄鹤楼上吹笛》《黄鹤楼送孟浩然之广陵》《望黄鹤山》《鹦鹉洲》等。李白有关黄鹤楼诗章，其整体影响比崔颢还要深广，是黄鹤楼文化的瑰宝。尽管李白搁笔实无其事，但为了纪念这一传闻野趣，今黄鹤楼公园还是建了搁笔亭，也算一桩文坛雅事。

（八）毛泽东词亭

毛泽东不仅是一位伟大的领袖，同时也是一位杰出的诗人和艺术家。他的诗词艺术，既富有中华民族传统文化情趣，又具有独特甚至超神的词风诗格，在整个诗词王国里，他无疑建造了自己的丰碑。毛泽东似乎对“白云黄鹤之乡”特别钟情，他 36 次来武汉，多次登临蛇山，并 18 次畅游长江武汉段。1956 年 6 月 1 日，毛泽东从黄鹤楼故址的上首入水，首次畅游长江，6 月 3 日至 4 日，又两次到江中畅游，写下了气势磅礴、豪情满怀的光辉诗篇。处于黄鹤楼附近的毛泽东词亭坐落于公园南区南楼东南侧，在黄鹤楼东南 206 米、白云阁西南 90 米处，1992 年建于现址防空工事约 2.16 米高的台基上。坐北朝南，长宽各 6.6 米，高 9.5 米，为四角攒尖重檐舒翼，亭中央矗立一

高3.2米、宽1.8米的大型青石碑，南北两面分别镌有毛泽东1927年春登蛇山时填写的《菩萨蛮·黄鹤楼》和1956年6月畅游长江后填写的《水调歌头·游泳》。亭名由中国人民解放军原副总参谋长伍修权书写。

（九）岳飞亭

岳飞是出身行伍、忠孝双全的名将。北宋末年，北方女真贵族政权金国向中原地区发动了大规模的掠夺战争。北宋政权灭亡了，新建的南宋政权在投降派秦桧等人把持下，避敌南逃，金军乘势大举南下。岳飞满怀爱国热情，投入到抗金的行列。岳家军军纪严明，英勇善战，收复了大片失地。绍兴四年(1134年）岳家军打到湖北，收复了襄阳、郢郑州（今湖北钟祥)、随州等地，岳飞因功升任清远军节度使、湖北路荆襄潭州制置使，驻军鄂州（今武昌)，旋又晋封“武昌县开国子”（一种封爵称号)。岳飞在鄂州紧张地进行北伐的准备，偶得半日闲暇，登上了黄鹤楼，遥望金人统治下的北方，满怀悲壮地写下了一首《满江红·登黄鹤楼有感》。绍兴十一年(1142年)，秦桧以“莫须有”的罪名将岳飞陷害致死。后孝宗时为岳飞平反昭雪，下令恢复其官职，追谥“武穆”，以礼改葬。乾道六年(1170年)，鄂州民众在武昌立忠烈庙以示祭祀。嘉泰四年(1204年)岳飞被封为鄂王，忠烈庙改名为鄂王庙(俗称岳庙)。

岳武穆遗像亭简称岳飞亭，在蛇山中部顶端。1937年武汉的抗日群众团体，在原岳庙废墟中清出一通刻有岳飞半身遗像的明代石碑，即移此建亭供碑，以弘扬民族精神，激励人民大众坚持抗战，反对投降的爱国热忱。亭为木石结构，六角攒尖顶，单檐外展，颇为端庄古朴。亭额刻“岳武穆遗像亭”六字，为孔庆熙所题，其下石柱楹联为：“撼山抑何易，撼军抑何难，愿忠魂常镇荆湖，护持江汉雄风，大业先从三户起；文官不爱钱，武官不怕死，奉谠论复兴家国，留得乾坤正气，新猷端自四维张。”碑上所刻岳飞像，线条遒劲，意态英武，亦属艺术杰作。像上方列明万历十年（1582年）云南太和（今大理）张翼先撰写的四言像赞，现碑系按明碑原拓复刻。1983年被武汉市人民政府公布为市级文物保护单位。

（十）吕仙洞

吕仙洞又名吕公洞，依据传说中吕洞宾的故事而建。位于黄鹤楼东北脚下73米、白云阁以西206米处。洞呈“U”形并贯通，内设有由一整块汉白玉石精雕而成的吕洞宾平卧雕像以及香炉等，整座雕像长3.1米，高1.71米，重5吨，吕洞宾神态安祥、栩栩如生。洞门为青石牌坊，“吕仙洞”三字为原中国作家协会书记处书记冯牧所题。

相传吕仙即吕岩，字洞宾，武宗会昌年间(841—846年)，两次应举不中，遂浪迹江湖，求仙访道，后遇钟离权，被授予丹诀，隐居于终南山修道，并曾到各地游历。在宋、元时代的书籍中，曾有吕仙(实为吕元圭)在黄鹤楼旁石照亭题写“黄鹤楼前吹笛时，白苹红蓼满江湄。衷情欲诉谁能会，惟有清风明月知”之诗和吕岩“历江州登黄鹤楼，以五月二十日午刻升天去”的记载，民间便认为吕洞宾到过黄鹤楼，画鹤于壁的神仙也变成吕洞宾。因此在黄鹤楼有很多关于吕洞宾的传说、故事和遗迹，与相传他在此修仙有很大关系。

飞架大江的长江大桥就横在黄鹤楼的面前，而隔江相望的则是这24层的晴川饭店。这一组建筑，交相辉映，使江城武汉大为增色。黄鹤楼的建筑特色是，各层大小屋顶，交错重叠，翘角飞举，仿佛是展翅欲飞的鹤翼。楼层内外绘有仙鹤为主体，云纹、花草、龙凤为陪衬的图案。第一层大厅的正面墙壁，是一幅以“白云黄鹤”为主题的巨大陶瓷壁画。四周空间陈列历代有关黄鹤楼的重要文献、著名诗词的影印本，以及历代黄鹤楼绘画的复制品。二至五层的大厅都有其不同的主题，在布局、装饰、陈列上都各有特色。走出五层大厅的外走廊，举目四望，视野开阔。这里高出江面近90米，大江两岸的景色，历历在目，令人心旷神怡。黄鹤楼所在的蛇山一带辟为黄鹤楼公园，种植了许多花草树木，还有一些牌坊、轩、亭、廊等建筑。有一个诗碑廊，收藏着许多刻有历代著名诗人作品的石碑。蛇山一带的古代景点都将陆续修复，它必将成为武汉城市一个最具代表性的核心标志。

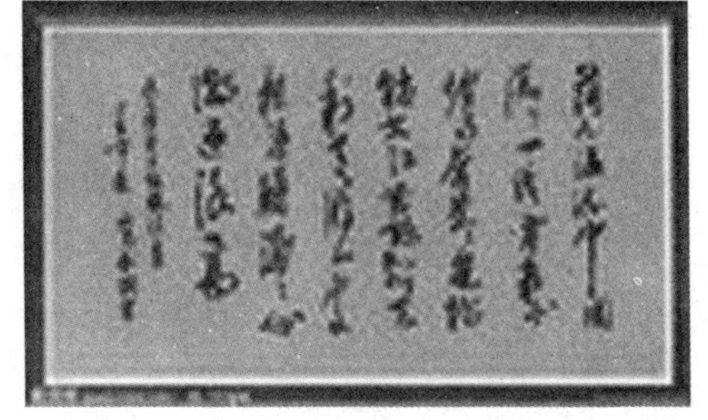

三、楹联、诗词赏析

由于黄鹤楼绝妙的人文风景、独特的地理位置，前人流传至今的诗词、文赋、楹联、匾额、摩岩石刻和民间故事颇多，这也促使黄鹤楼成为山川与人文景观相互倚重的文化名楼。在这里，我们仅就黄鹤楼相关的楹联、诗词抽丝剥茧，加以阐述。

（一）黄鹤楼联

下面几副对联，是流传下来的有关黄鹤楼的佳作。

千载此楼，芳草晴川，曾见仙人骑鹤去；

卅年作客，黄沙远塞，又吟乡思落梅中。

黄鹤飞去且飞去；

白云可留不可留。

对江楼阁参天立；

全楚山河缩地来。

楼未起时原有鹤；

笔经搁后便无诗。

爽气西来，云雾扫开天地恨；

大江东去，波涛洗尽古今愁。

一楼萃三楚精神，云鹤俱空横笛在；

二水汇百川支派，古今无尽大江流。

何时黄鹤重来，且自把金樽，看洲渚千年芳草；

今日白云尚在，问谁吹玉笛，落江城五月梅花！

心远天地宽，把酒凭栏，听玉笛梅花，此时落否？

我辞江汉去，推窗寄语，问仙人黄鹤，何日归来？

（二）诗人诗词

闻名全国的古建筑黄鹤楼，建在武昌江边的黄鹄矶上，是古代文人骚客登临咏诗胜地。登楼眺望，远山近水一览无余。唐代诗人崔颢诗："昔人已乘黄鹤去，此地空余黄鹤楼。黄鹤一去不复返，白云千载空悠悠。"被称为唐人七律之首。

1. 崔颢

黄鹤楼

崔 颢

昔人已乘黄鹤去，此地空余黄鹤楼。

黄鹤一去不复返，白云千载空悠悠。

晴川历历汉阳树，芳草萋萋鹦鹉洲。

日暮乡关何处是，烟波江上使人愁。

元人辛文房《唐才子传》记李白登黄鹤楼本欲赋诗，因见崔颢此作，为之敛手，说："眼前有景道不得，崔颢题诗在上头。"传说或出于后人附会，未必真有其事。然李白确曾两次作诗拟此诗格调，其《鹦鹉洲》诗前四句说"鹦鹉来过吴江水，江上洲传鹦鹉名。鹦鹉西飞陇山去，芳洲之树何青青。"与崔诗如出一辙，又有《登金陵凤凰台》诗亦是明显地摹学此诗。为此，说诗者众口交誉，如严羽《沧浪诗话》谓："唐人七言律诗，当以崔颢《黄鹤楼》为第一。"这一来，崔颢的《黄鹤楼》的名气就更大了。

传说古代仙人子安乘黄鹤过此(见《齐谐志》)，又云费祎登仙驾鹤于此(见《太平寰宇记》引《图经》)。诗从楼的命名之由来着想，借传说落笔，然后生发开去。仙人跨鹤，本属虚无，现以无作有，说它"一去不复返"，就有岁月不再、古人不可见之憾；仙去楼空，唯余天际白云，悠悠千载，正能表现世事茫茫之慨。诗人这几笔写出了那个时代登黄鹤楼的人们常有的感受，气概苍莽，感情真挚。

此诗前半首用散调变格，后半首就整饬归正，实写楼中所见所感，写从楼上眺望汉阳城、鹦鹉洲

的芳草绿树并由此而引起的乡愁，这是先放后收。

前人有“文以气为主”之说，此诗前四句看似随口说出，一气旋转，顺势而下，绝无半点滞碍。“黄鹤”二字再三出现，却因其气势奔腾直下，使读者“手挥正弦，目送飞鸿”，急忙读下去，无暇觉察到它的重叠出现，而这是律诗格律上之大忌，诗人好像忘记了是在写“前有浮声，后须切响”，字字皆有定声的七律。试看：首联的五六字同出“黄鹤”；第三句几乎全用仄声；第四句又用“空悠悠”这样的三卒阅煞尾；亦不顾什么对仗，用的全是古体诗的句法。这是因为七律在当时尚未定型吗？不是的，规范的七律早就有了，崔颢自己也曾写过。是诗人有意在写拗律吗？也未必。他跟后来杜甫的律诗有意自创别调的情况也不同。看来还是知之而不顾，如《红楼梦》中林黛玉教人做诗时所说的“若是果有了奇句，连平仄虚实不对都使得的”。在这里，崔颢是依据诗以立意为要和“不以词害意”的原则去进行实践的，所以才写出这样七律中罕见的高唱入云的诗句。沈德潜评此诗，以为“意得象先，神行语外，纵笔写去，遂擅千古之奇”(《唐诗别裁》卷十三)，也就是这个意思。倘只放不收，一味不拘常规，不回到格律上来，那么，它就不是一首七律，而成为七古了。此诗前后似成两截，其实文势是从头一直贯注到底的，中间只不过是换了一口气罢了。这种似断实续的连接，从律诗的起、承、转、合来看，也最有章法。元杨载《诗法家数》论律诗第二联要紧承首联时说：“此联要接破题(首联)，要如骊龙之珠，抱而不脱。”此诗正是如此，叙仙人乘鹤传说，额联与破题相接相抱，浑然一体。杨载又论颈联之“转”说：“与前联之意相避，要变化，如疾雷破山，观者惊愕。”疾雷之喻，意在说明章法上至五六句应有突变，出人意料。此诗转折处，格调上由变归正，境界上与前联截然异趣，恰好符合律法的这个要求。叙昔大黄鹤，否然已去，给人以渺不可知的感觉；忽一变而为晴川草树，历历在目，萋萋满洲的眼前景象，这一对比，不但能烘染出登楼远眺者的愁绪，也使句势因此而有起伏波澜。《楚辞·招隐士》曰：“王孙游分不归，春草生分萋萋。”诗中“芳草萋萋”之语亦借此而逗出结尾乡关何处、归思难禁的意思。末联以写烟波江上日暮怀归之情作结，使诗意重归于开头那种渺茫不可见的境界，这样能回应前面，如豹尾之能绕额的“台”，也是很符合律诗法度的。

正是由于此诗艺术上出神入化，取得极大成功，它被人们推崇为题黄鹤楼的绝唱，也就不足为奇了。

2. 李白

与史郎中钦听黄鹤楼上吹笛

李白

一为迁客去长沙，

西望长安不见家。

黄鹤楼中吹玉笛，

江城五月落梅花。

这是李白乾元元年（758 年）流放夜郎经过武昌时游黄鹤楼所作。本诗写游黄鹤楼听笛，抒发了诗人的迁谪之感和去国之情。西汉的贾谊，因指责时政，受到权臣的谗毁，贬官长沙。而李白也因永王李璘事件受到牵连，被加之以“附逆”的罪名流放夜郎。所以诗人引贾谊为同调，“一为迁客去长沙”，就是用贾谊的不幸来比喻自身的遭遇，流露了无辜受害的愤懑，也含有自我辩白之意。但政治上的打击，并没使诗人忘怀国事。在流放途中，他不禁“西望长安”，这里有对往事的回忆，有对国运的关切和对朝廷的眷恋。然而，长安万里迢迢，对迁谪之人是多么遥远！望而不见，不免感到惆怅。听到黄鹤楼上吹奏《梅花落》的笛声，感到格外凄凉，仿佛五月的江城落满了梅花。

诗人巧借笛声来渲染愁情。王琦注引郭茂倩《乐府诗集》此调题解云：“《梅花落》本笛中曲也。”江城五月，正当初夏，当然是没有梅花的，但由于《梅花落》笛曲吹得非常动听，便仿佛看到了梅花满天飘落的景象。梅花是寒冬开放的，景象虽美，却不免给人以凛然生寒的感觉，这正是诗人冷落心情的写照。同时使人联想到邹衍下狱、六月飞霜的历史传说。由乐声联想到音乐形象的表现手法，即诗论家所说的“通感”。诗人由笛声想到梅花，由听觉诉诸视觉，通感交织，描绘出与冷落的心境相吻合的苍凉景色，从而有力地烘托了去国怀乡的悲愁情绪。所以《唐诗直解》评此诗“无限羁情笛里吹来”，是很有见解的。清代的沈德潜说：“七言绝句以语近情遥、含吐不露为贵，只眼

前景，口头语，而有弦外音，使人神远，太白有焉。”（《唐诗别裁》卷二十）这首七言绝句，正是以“语近情遥、含吐不露”见长，使人从“吹玉笛”“落梅花”这些眼前景、口头语，听到了诗人的弦外之音。

此外，这首诗还好在其独特的艺术结构。诗写听笛之感，却并没按闻笛生情的顺序去写，而是先有情而后闻笛。前一半捕捉了“西望”的典型动作加以描写，传神地表达了怀念帝都之情和“望”而“不见”的愁苦。后一半才点出闻笛，从笛声化出“江城五月落梅花”的苍凉景象，借景抒情，使前后情景相生，妙合无垠。

黄鹤楼送孟浩然之广陵

李　白

故人西辞黄鹤楼，

烟花三月下扬州。

孤帆远影碧空尽，

唯见长江天际流。

唐玄宗开元十三年（725 年），年轻的李白从四川出峡，在安陆（今湖北安陆）住了十年。在这段时间内，结识了隐居在襄阳鹿门山的孟浩然。孟浩然也是著名诗人，年龄比李白大，这时在诗坛上已享有盛名，李白对他很敬仰。诗中称孟浩然为“故人”，足见结交已久，是老朋友了，彼此感情深厚。

黄鹤楼的原址在现今武汉市武昌区的江边，历来是游览胜地，许多诗人在楼上留下了诗句。广陵就是扬州，是唐代最繁华的都市，一直被称为“扬一益二”（当时的都市繁华，是扬州第一，成都第二）。江南地区的财富，通过运河，由扬州转运洛阳，再送到长安，这里工商业都很发达。题目中的“之”字，做动词用，是“去”的意思。

这是历史上称作“开元盛世”的年代，国力强盛，人情慷慨，所以在离别之时，虽然怅惘，却不悲伤。

诗的开头，说出了这个离别的事实。武汉在西，扬州在东，从武汉去扬州，顺江东下，自然是向西北告别了黄鹤楼。这样的句子，真是信手拈来，毫不雕琢。第二句接得很好。他向哪里去呢？去扬州。妙在“烟花三月”，这不仅指出了离别的季节，重要的是表达了当时的心情。烟花，指春天笼罩在蒙蒙雾气中

的绮丽景物。江南的春天，风光明媚，一直为文人们所歌颂，梁代的丘迟在《与陈伯之书》里有这样动人的描写：“暮春三月，江南草长，杂树生花，群莺乱飞。”孟浩然一路上所遇到的，也将是这样的景象。而扬州呢？又是花团锦簇，绣户珠帘的名都，这是他所要去的地方。试想，以江南三月烟花的时候，去扬州十里烟花的地方，一路上能不心旷神怡吗？别认为这两句诗在表面上只写了送别的人物、地点、时间和去向，而透过字面，却深刻表达了内心的情绪。

楼头话别之后，孟浩然就登舟起程了。只见孤舟扬帆，破浪前进。行人渐远，而送行的人依然伫立江边。孤帆渐渐地消失于白云碧水之间了，这时只有一江汹涌的波浪，奔向碧空尽处，仿佛是去追赶行人。李白很巧妙地表达了这种送别后的感情，像用电影的特写镜头照住帆影，逐渐前移。到水天交接处，帆影没有了，于是长江浩浩荡荡流向天外。这时候，观众和送行者会一样把感情寄托在流水之中，而整个画幅的苍茫空阔的感觉，自然又要袭上心头。这样写景见情，寓情于景，做到了情景交融的地步，使人读了以后，产生无穷的余韵。

古典诗歌，绝大多数的篇章不外乎写景抒情。这二者在写作时虽很难截然分开，但只有高手才能融合得很巧妙。景色是自然界的客观存在，如果要在诗歌中给以生命，使它具有长远的效果，那么在吸取这一景色时，不仅要准确地表达，而且还要融进强烈的感情，从而在鲜明的形象中，看出描写的深度。李白在这首诗里，把送别的依依之情，以描写自然景色来表达，就是这种方法的很好范例。

望黄鹤楼

李白

东望黄鹤山，雄雄半空出。
四面生白云，中峰倚红日。
岩峦行穹跨，峰嶂亦冥密。
颇闻列仙人，于此学飞术。
一朝向蓬海，千载空石室。
金灶生烟埃，玉潭秘清谧。
地古遗草木，庭寒老芝术。
蹇予羡攀跻，因欲保闲逸。
观奇遍诸岳，兹岭不可匹。

结心寄青松，永悟客情毕。

这首诗是吊古怀乡之佳作。诗人登临古迹黄鹤楼，泛览眼前景物，即景而生情，诗兴大作，脱口而出，一泻千里。既自然宏丽，又饶有风骨。诗虽不协律，但音节浏亮而不拗口。真是信手而就，一气呵成，成为历代所推崇的珍品。

李白作为题写黄鹤楼诗词最多的诗人，除以上佳作外，较为流传的还有以下几首诗词：

江夏送友人

李白

雪点翠云裘，送君黄鹤楼。

黄鹤振玉羽，西飞帝王州。

凤无琅玕实，何以赠远游。

裴回相顾影，泪下汉江流。

送储邕之武昌

李白

黄鹤西楼月，长江万里情。

春风三十度，空忆武昌城。

送尔难为别，衔杯惜未倾。

湖连张乐地，山逐泛舟行。

诺为楚人重，诗传谢朓清。

沧浪吾有曲，寄入棹歌声。

醉后答丁十八以诗讥余槌碎黄鹤楼

李白

黄鹤高楼已槌碎，黄鹤仙人无所依。

黄鹤上天诉玉帝，却放黄鹤江南归。

神明太守再雕饰，新图粉壁还芳菲。

一州笑我为狂客，少年往往来相讥。

君平帘下谁家子，云是辽东丁令威。

作诗调我惊逸兴，白云绕笔窗前飞。

待取明朝酒醒罢，与君烂漫寻春晖。

3. 岳飞

满江红·登黄鹤楼有感

岳飞

遥望中原、荒烟外，许多城郭。

想当年、花遮柳护，凤楼龙阁。

万岁山前珠翠绕，蓬壶殿里笙歌作。

到而今、铁骑满郊畿，风尘恶。

兵安在？膏锋锷。

民安在？填沟壑。

叹江山如故，千村寥落。

何日请缨提锐旅，一鞭直渡清河洛。

却归来、再续汉阳游，骑黄鹤。

此词为岳飞手书墨迹，见徐用仪所编《五千年来中华民族爱国魂》卷端照片，词下并有谢升孙、宋克、文征明等人的跋。

元末谢升孙的跋中，说本词“似金人废刘豫时，公（岳飞）欲乘机以图中原而作此以请于朝贵者”，并说“可见公为国之忠”。

高宗绍兴七年（1137年），伪齐刘豫被金国所废后，岳飞曾向朝廷提出请求增兵，以便伺机收复中原，但他的请求未被采纳。次年春，岳飞奉命从江州（今江西九江市）率领部队回鄂州（今湖北武汉市）驻屯。本词大概作于回鄂州之后。

词作上片是以中原当年的繁华景象来对比如今在敌人铁骑蹂躏之下的满目疮痍。开首二句，写登楼远眺，词人极目远望中原，只见在一片荒烟笼罩下，仿佛有许多城郭。实际上黄鹤楼即使很高，登上去也望不见中原，这里是表现词人念念不忘中原故土的爱国深情。“想当年、花遮柳护，凤楼龙阁。万岁山前珠翠绕，蓬壶殿里笙歌作。”这四句，承上“许多城郭”，追忆中原沦陷前的繁华景象。前二句为总括：花木繁盛，风景如画；宫阙壮丽，气象威严。后二句以两处实地为例，写宫内豪华生活。“万岁山”，即艮岳山，宋徽宗政和年间造。据洪迈《容斋三笔》卷第十三“政和宫室”载：“其后复营万岁山、艮岳

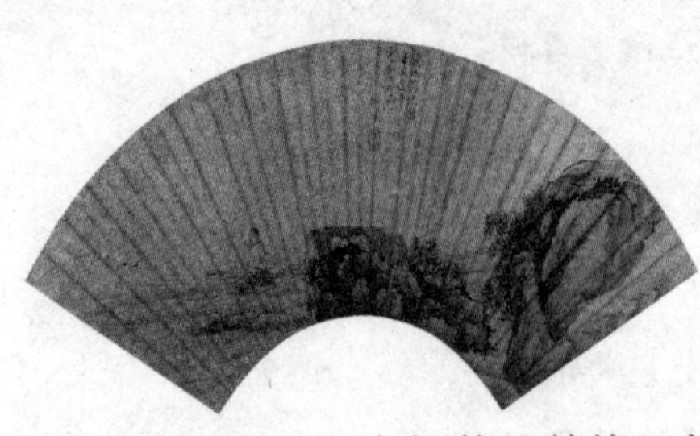

山，周十余里，最高一峰九十尺，亭堂楼馆不可殚记。……靖康遭变，诏取山禽水鸟十余万投诸汴渠，拆屋为薪，翦石为炮，伐竹为笓篱，大鹿数千头，悉杀之以啖卫士。”“蓬壶殿”，疑即北宋故宫内的蓬莱殿。“珠翠”，妇女佩戴的首饰，指代宫女。汴京皇宫内，宫女成群，歌舞不断，一派富庶升平气象。接下来陡然调转笔锋，写现在：“到而今、铁骑满郊畿，风尘恶。”“郊畿”，指汴京所在处的千里地面。“风尘”，这里指战乱。慨叹汴京惨遭金人铁骑践踏，战乱频仍，形势十分险恶。词作上片以今昔对比手法，往昔的升平繁华与目前的战乱险恶形成强烈反差，表露了词人忧国忧民的爱国感情和报国壮志难酬的悲愤心情。

词作下片分两层意思，慨叹南宋王朝统治下士兵牺牲，人民饿死，景况萧索，希望率师北伐，收复中原。前六句为第一层。开首即以“兵安在”“民安在”提问，加以强调，可见词人的愤激之情。要反击敌人，收复失地，首先要依靠兵士与人民，可是兵士早已战死，老百姓也在饥寒交迫下死亡。“膏”，这里作动词“滋润”讲；“锋”，兵器的尖端；“锷”，剑刃。“膏锋锷”，是说兵士的血滋润了兵器的尖端，即兵士被刀剑杀死。“沟壑”，溪谷。杜甫《醉时歌》：“但觉高歌有鬼神，焉知饿死填沟壑。”是说老百姓在战乱中饿死，尸首被丢弃在溪谷中。“叹江山如故，千村寥落。”由于金兵的杀戮践踏，兵民死亡殆尽，田园荒芜，万户萧疏，对此词人不禁发出深沉的叹喟。后四句为一层。作为“精忠报国”的英雄，词人决不甘心如此，于是提出：“何日请缨提锐旅，一鞭直渡清河洛！”“请缨”，请求杀敌立功的机会。《汉书·终军传》记终军向汉武帝“自请愿受大缨，必羁南越王而致之阙下。”“提锐旅”，率领精锐部队。大将的口吻与气度，跃然纸上。“河、洛”，黄河、洛水，泛指中原。“清河洛”与上“铁骑满郊畿”呼应，挥鞭渡过长江，消灭横行“郊畿”的敌人，收复中原。“一”“直”和“清”字用得极为贴切，表现了必胜的信念。“却归来、再续汉阳游，骑黄鹤。”“汉阳”，今湖北武汉市。“骑黄鹤”，陆游《入蜀记》：“黄鹤楼旧传费祎飞升于此，后忽乘黄鹤来归，故以名楼。”结末用黄鹤楼典，不仅扣题，且带浪漫意味，表示今日“靖康耻，犹未雪”，未能尽游兴，“待重新收拾旧山河”后，定再驾乘黄鹤归来，重续今日之游以尽兴。乐观必胜

的精神与信念洋溢字里行间。词作下片是叹息在南宋偏安妥协下，士兵牺牲，百姓死亡，景况萧条。最后希望率师北伐，收复失地，然后回来重游黄鹤楼。

词作通过不同的画面，形成今昔鲜明的对比，又利用短句、问语等形式，表现出强烈的感情，有极强的感染力。同时，刻画了一位以国事为己任，决心“北逾沙漠，喋血虏廷，尽屠夷种，迎二圣归京阙，取故土上版图”（岳飞《五岳祠盟记》）的爱国将帅形象。读这首词，可以想见他下笔时的一腔忠愤、满怀壮志。

4. 阎伯理

黄鹤楼记

州城西南隅，有黄鹤楼者，《图经》云：“昔费祎登仙，尝驾黄鹤还憩于此，遂以名楼。”事列《神仙》之传，迹存《述异》之志。

观其耸构巍峨，高标，上倚河汉，下临江流；重檐翼馆，四闼霞敞；坐窥井邑，俯拍云烟：亦荆吴形胜之最也。何必濑乡九柱、东阳八咏，乃可赏观时物、会集灵仙者哉。

文章大意为：鄂州城的西南角上，有一座黄鹤楼。《图经》上说：“三国时代蜀汉大将费祎成了仙人，曾经骑着黄鹤返回到这里休息，于是就用‘黄鹤’命名这座楼。”有关这件事记载在《神仙传》上，有关事迹还保存在《述异志》上。观看这矗立着的楼宇，高高耸立，十分雄伟。它顶端靠着银河，底部临近大江；两层屋檐，飞檐像鸟翼高翘在房舍之上。四面的大门高大宽敞，坐在楼上，可以远眺城乡景色，低下头可以拍击云气和烟雾；这里也是楚地吴地山川胜迹中的最美的地方。没有必要去濑乡的老子祠，去东阳的八咏楼，这里就可以观赏景色、会集神仙了。

此文载于《文苑英华》中。《文苑英华》，总集名，宋太宗时李昉、扈蒙、徐铉、宋白、苏易简奉敕编，一千卷，“宋四大书”之一，辑集南北朝梁末至唐代诗文。此文因此才流传下来。作者阎伯理，生平不详。清代编刻《黄鹤楼集》时，将此文作者定为阎伯理。1981 年，重建黄鹤楼，将此文刻碑。

黄鹤楼是蜚声中外的历史名胜，它雄踞长江之滨，蛇山之首，背倚万户林立的武昌城，面临汹涌浩荡的扬子江，相对古雅清俊晴川阁，刚好位于东西水路与南北

陆路的交汇点上。登上黄鹤楼，武汉三镇的旖旎风光历历在目，辽阔神州的锦绣山河也遥遥在望。黄鹤楼始建于三国吴黄武二年（223年），当时吴主孙权处于军事目的，在形势险要的夏口城即今天的武昌城西南面朝长江处，修筑了历史上最早的黄鹤楼。黄鹤楼在群雄纷争、战火连绵的三国时期，只是夏口城一角瞭望守戍的“军事楼”，晋灭东吴以后，三国归于一统，该楼在失去其军事价值的同时，随着江夏城的发展，逐步演变成为官商行旅“游必于是”“宴必于是”的观赏楼。往事越千年，黄鹤楼时毁时建、时隐时现，历经战火硝烟，沧海桑田，仅明清两代黄鹤楼分别七建七毁。1884年，清代的最后一座楼阁在一场大火中化为灰烬，百年后，一座金碧辉煌、雄伟壮观的楼阁横空出世，正可谓千古风云传盛事，三楚江山独此楼。

5. 毛泽东

菩萨蛮·黄鹤楼

毛泽东

茫茫九派流中国，

沉沉一线穿南北。

烟雨莽苍苍，

龟蛇锁大江。

黄鹤知何去？

剩有游人处。

把酒酹滔滔，

心潮逐浪高！

上阕首句，“茫茫九派流中国，沉沉一线穿南北”，词语雄浑有力，形象而生动地描绘出波涛滚滚由西向东一泻千里的长江从我国中部流过，还有贯通南北的京汉和粤汉两条铁路穿越我国大江南北，景观雄伟。这里的“一线”二字用得极为精确，因为站在高大的黄鹤楼向下眺望，京汉和粤汉铁路相接的形状确是“一线”。“烟雨莽苍苍”：烟雨，指的是细如烟雾，迷茫一片的春雨。全句是借迷茫的烟雨笼罩武汉三镇，形容1927年春季的反革命政治空气弥漫着中

国的大地。当时，帝国主义、反动军阀、国民党反动派互相勾结，武汉三镇风雨飘摇，革命形势万分危急。“烟雨莽苍苍，龟蛇锁大江”,这一句写的是近景，其中用一个“锁”字，把在如烟的迷茫一片的细雨笼罩下，隔江紧紧相对的龟蛇二山（龟山在汉阳，蛇山在武昌）形容为好像要把大江东去的巨流都封锁起来似的，真是把静物写活了。

下阕既含怀古之意，又抒慷慨激昂之情。“黄鹤知何去？剩有游人处”，这两句紧扣题目，同时表现出对当时武汉政局的深切关心。“把酒酹滔滔，心潮逐浪高！”面对着滚滚东去的江水，他立誓要同反动势力斗争到底，一腔难以抑制的革命激情，就像是汹涌的波涛那样翻腾起伏，追逐着浪潮一浪高过一浪！在这之后，大革命失败了，党中央召开了“八七”会议，确定以武装反抗国民党反动派和开展土地革命为新内容的路线方针，在湖南农民运动的基础上，举行了具有伟大历史意义的秋收起义，然后又率领农民起义军向井冈山进军，从此中国革命找到了正确的道路。这后来的事实就是词的收尾两句所抒发的无产阶级革命感情的具体表现。

此词的写作特色主要是寓情于景，既写黄鹤楼怀古，又抒发了诗人的感情，富有艺术魅力。另外，本词描述事物用词形象生动。如“茫茫”，形象地表现了“九派”的广阔气势；“穿”既表现贯通南北，又富有动感；“锁”字运用了拟人化的手法，使得笔下景物跃然纸上；“逐”字也是如此，把诗人当时激越、愤懑的思想感情用滚滚江水起伏翻涌这一生动的形象表现了出来。词中的叠字，既精彩逼真地表现了事物，同时又富有节奏感，读来深有韵味。

6. 状元诗词

根据周腊生先生对古代文学诗词的研究，他提出，我国实行了 1300 年的科举考试，约产生了 886 名状元，其中姓名得以流传至今的仅 675 名，不仅留下姓名，而且多少有点生平事迹可考的则只有 509 名。要研究他们跟黄鹤楼的联系，还得去掉因疆域限制而不可能与黄鹤楼发生瓜葛的辽、金、西夏、南汉、伪齐、后蜀及大西（张献忠烧毁了黄鹤楼）、太平天国（黄鹤楼咸丰六年又毁于战火）、入宋前已去世的南唐状元共 76 名。

通过各种方式反复搜求，在历代有资料的 433

名状元中，目前仅发现6位与黄鹤楼有过直接或间接联系的记载。他们是唐代的王维、五代的卢郢、宋代的冯京和王十朋、明代的杨慎、清代的毕沅。其中王维《送康太守》一诗中直接出现了“黄鹤楼”三字；五代的卢郢和宋代的王十朋均有以《黄鹤楼》为题的诗作，宋代湖北状元冯京跟苏轼讲过有关黄鹤楼的传说；明代的杨慎在《升庵诗话》中多次评论前人的《黄鹤楼》诗；清代的毕沅则请著名骈文家汪中写过《黄鹤楼记》，且有著述《新刻黄鹤楼铭楹联》。

(1) 王维

最早与黄鹤楼发生联系的是唐开元九年（721年）状元王维，他的《送康太守》一诗中直接出现了黄鹤楼三字。诗云：

城下沧江水，江边黄鹤楼。朱阑将粉堞，江水映悠悠。铙吹发夏口，使君居上头。郭门隐枫岸，候吏趋芦洲。何异临川郡，还劳康乐侯。

据张清华《王维年谱》载，开元二十八年（740年）九月底或十月初奉命由长安出发“知南选”，其时职务是殿中侍御史（从七品上），途经襄阳，写了《汉江临泛》《哭孟浩然》等诗，南进经夏口（今湖北武昌）又同时写了《送宇文太守赴宣城》《送康太守》《送封太守》三首诗，时间是秋天，这年王维41岁。另一种《王维年谱》也说，开元二十八年，“王维……迁殿中侍御史。是冬，知南选，自长安经襄阳、郢州、夏口至岭南。”可见，此诗应当是写于开元二十八年秋冬之际。此诗含有写景、叙事、抒情、议论，但总的看来，思想性、艺术性都不突出，所以古今研究者都不曾关注，各种选本均未选，不过它至少可以证明王维是到过黄鹤楼的。

(2) 卢郢

卢郢，南唐金陵（今江苏南京市）人，字号及具体生卒年均未见记载。他好学，才气不凡，且膂力过人，曾痛惩仗势欺人的京城烽火使韩德霸。宋乾德四年（966年）南唐进士试（当时南唐奉宋正朔），考《王度如金玉赋》，卢郢高居榜首。其姐夫徐铉奉后主命撰文，数日未就，试探请卢郢帮忙。卢郢一边玩弄石球，一边饮酒，同时口授文辞，让笔吏书写，顷刻代徐铉完成。徐铉及后主皆惊叹其才气，自此名声大震。南唐灭亡后归宋，累迁至知全州（今广西全州县），

颇著政绩。以病，卒于任。卢郢以政绩载诸史册，说明其人生价值不低，可惜体现其才气的作品大多没有流传下来，仅《全唐诗外编》录存其诗一首，就是这首以《黄鹤楼》为题的诗。《湖北旧闻录》录存其诗全文并作有注释：

黄鹤何年去杳冥，高楼千载倚江城。碧云朝卷四山景，流水夜传三峡声。柳暗西州供聘望，草芳南浦遍离情。登临一晌须回首，看却乡心万感生（原注：熙宁二年鄂州杂诗碑，界作五层，共录六朝唐人诗凡三十九首，在黄鹤楼后斗姥阁西壁。《湖北金石存佚考》）

南唐时，卢郢不可能到版图之外的江夏，因此，此诗当写于开宝八年（975年）三月南唐灭亡、卢郢入宋之后，离王维写《送康太守》诗二百四十年左右。

（3）冯京

冯京跟黄鹤楼的联系最为直接，但相关记载却是间接的。《湖北旧闻录》收有苏轼《李公择求黄鹤楼诗因记旧所闻于冯当世者》一首，诗曰：

黄鹤楼前月满川，抱关老卒饥不眠。
夜闻三人笑语言，羽衣著屐响空山。
非鬼非人意其仙，石扉三叩声清圆。
洞中铿鈜落门关，缥渺入石如飞烟。
鸡鸣月落风驭还，迎拜稽首愿执鞭。
汝非其人骨腥膻，黄金乞得重莫肩。
持归包裹蔽席毡，夜穿茆屋光射天。
里闾来观已变迁，似石非石铅非铅。
或取而有众忿喧，讼归有司今几年。
无功暴得喜欲颠，神人戏汝哀可怜。
愿君为考然不然，此语可信冯公传

（原注：《东坡居士集》）

诗题中的“冯当世”就是状元冯京。冯京是湖北人，且居于江夏（即今湖北武汉），对黄鹤楼及相关传说自然是十分熟悉的，但是冯京本人未留下与黄鹤楼相关的文字，他跟人讲的一位看守黄鹤楼老卒的传说的内容却通过苏轼的诗记载下来。

冯京（1021—1094 年），字当世，宋鄂州咸宁（今湖

北咸宁）人，后徙居江夏。他是宋初名相富弼的女婿。皇祐元年（1049年）己丑科以“三元”及第。历任荆南府通判，直集贤院，判吏部南漕，翰林学士，先后知扬州、江宁府、开封府、太原府；神宗即位后入为御史中丞，迁枢密副使、参知政事。他反对王安石变法，两人常在神宗跟前争辩，曾极力推荐苏轼、刘攽等人，并因此于熙宁八年（1075年）被罢去参知政事，出知亳州。后拜保宁军节度使，改知大名府、彰德府。元祐六年（1091年）五月以太子少师致仕，绍圣元年（1094年）卒，享年74岁。哲宗亲自到家祭奠，赠司空，谥文简。

他们两人都是大部分时间被排斥在地方为官，苏轼听冯京讲黄鹤楼老卒的传说当在神宗熙宁二年（1069年）苏轼守父丧期满还朝，到四年六月被排挤出京任杭州通判之前他们都在京为官的时候，离卢郢写《黄鹤楼》诗约九十年。

（4）王十朋

有资料说：“也许是由于崔颢这首诗的缘故，后人赋诗黄鹤楼者层出不穷，仅以《黄鹤楼》同题赋篇者，略取其数，就有晚唐的贾岛、卢郢，宋代的王十朋、范成大、陆游，明代的管讷、陆渊之，清代的袁枚、张维屏、吴炯等等。以题、登、赋黄鹤楼为题材的诗篇，更是不胜枚举，但竟无一首出乎其右。”其中宋代的王十朋是状元。

王十朋（1112—1171年）字龟龄，号梅溪，乐清(今属浙江)人，宋代诗文家、学者，著有诗文集《梅溪集》54卷。十朋从小悟性高，记忆力强。6岁发蒙，认字比一般儿童都快得多。13岁时已是学业优秀、才华超群之士，为当地文会中的佼佼者。但是由于秦桧一伙把持着科举考试的取舍大权，十朋无论是在地方选拔试中，还是在国家级的考试里，总是因直言而被排斥。直到秦桧死后两年的绍兴二十七年（1157年）丁丑科方才一举夺魁，并且其殿试策传诵朝野。这年他已47岁。

孝宗隆兴二年（1164年）六月，十朋因直言又被排斥，以集英殿修撰出知饶州（今江西波阳），一年以后调任夔州（今四川奉节）。在夔州待了两年，于乾道三年（1167年）七月移知湖州。无论是自饶州赴任夔州，还是自夔州移任湖州，都必须经过夏口，《湖北旧闻录》载有其咏武昌名胜的《南楼》一首便

是明证。因此他的《黄鹤楼》诗不是写于乾道元年（1165年）六七月间，就是写于乾道三年七八月间。离卢郢写《黄鹤楼》诗约一百一十年。

(5) 杨慎

杨慎（1488—1559年），字用修，号升庵，新都（今四川新都县）人，祖籍庐陵（今江西吉安市）。其父杨廷和官至少师大学士，当首辅近十年，叔父杨廷仪也官至礼部尚书。这样的家庭使杨慎受到了高质量的教育，而他本人又异常聪慧，学习自觉而刻苦。7岁时所作《古战场文》便为时人所称颂。正德六年（1511年）辛未科他夺魁时年仅24岁。入仕后，他不计厉害，敢于谏诤。嘉靖三年（1524年）“大礼议”起，他坚持反对“以外藩入嗣大统”的世宗推尊其生父为“皇考”的主张，跟许多臣僚一起挨了“廷杖”。他不仅被打得半死，而且被充军云南，终身不得赦免。

在官场上，他是个直臣。作为学者，他被公认为一代雄才。其知识之渊博、兴趣之广泛，在整个明代是难有其比的。

杨慎与黄鹤楼的联系是间接的。从《升庵诗话》卷六《岳阳楼诗》条所载“余昔过岳阳楼，见一诗云……”可知，他是到过岳阳楼的，是否顺路游览过黄鹤楼未见记载。他本人不见有跟黄鹤楼相关的作品，但是多次评论过前人所写的跟黄鹤楼相关的诗歌。

《升庵诗话》卷四《同能不如独胜》条云：

孙位画水，张南本画火，吴道玄画，杨绘塑，陈简斋诗，辛稼轩词，同能不如独胜也。太白见崔颢《黄鹤楼》诗，去而赋《金陵凤凰台》。

卷十《黄鹤楼诗》云：

宋严沧浪取崔颢《黄鹤楼》诗为唐人七言律第一。近日何仲默薛君采取沈佺期“卢家少妇郁金堂”一首为第一。二诗未易优劣。或以问予，予曰：“崔诗赋体多，沈诗比兴多。以画家法论之，沈诗披麻皴，崔诗大斧劈皴也。”

同卷游景仁《黄鹤楼》诗条云：

游景仁《黄鹤楼》诗：“长江巨浪拍天浮，城郭相望万景收。汉水北吞云梦入，蜀江西带洞庭流。角声交送千家月，帆影中分两岸秋。黄鹤楼高人不见，却随鹦鹉过汀洲。”景仁名侣，广安人，南渡四贤相之一，有文集，今

不传，独此诗见《楚志》。

卷十一《捶碎黄鹤楼》条云：

李太白过武昌，见崔颢《黄鹤楼》诗，叹服之，遂不复作，去而赋《金陵凤凰台》也。其事本如此。其后禅僧用此事作一偈云：“一拳捶碎黄鹤楼，一脚踢翻鹦鹉洲。眼前有景道不得，崔颢题诗在上头。”旁一游僧亦举前二句而缀之曰：“有意气时消意气，不风流处也风流。”又一僧云：“酒逢知己，艺压当行。”原是借此事设辞，非太白诗也，流传之久，信以为真。宋初，有人伪作太白《醉后答丁十八》诗云“黄鹤高楼已捶碎”一首，乐史编太白遗诗，遂收入之。近日解学士缙作《吊太白》诗云：“也曾捶碎黄鹤楼，也曾踢翻鹦鹉洲。”殆类优伶副净滑稽之语。噫，太白一何不幸耶！

(6) 毕沅

毕沅（1730—1707 年），字秋帆，号灵岩山人，江南镇洋（今江苏太仓）人。乾隆二十五年（1760）成一甲第一名进士。历任修撰、侍读、左庶子、巩秦阶道、陕西按察使、陕西布政使、代理陕西巡抚、河南巡抚，乾隆五十一年（1786 年）升任湖广总督，不久降为巡抚，乾隆五十三年再升湖广总督，乾隆五十九年降为山东巡抚，次年又授湖广总督。嘉庆元年（1796 年）六月因镇压苗民起义不力，被解除职务，七月，仍任总督，直至次年去世。

自乾隆五十一年至嘉庆二年，十一年间他大部分时间是担任湖广总督，乾隆壬子（1792 年）曾将明弘治己未（1499 年）重建的武昌“楚观楼”改题为“南楼”，题过当时在黄鹤楼左侧的太白亭，去世前一年他还曾主持修复古琴台。他无论是自己游览还是陪客人游览黄鹤楼的机会都是特别多的，但是未见他写过与黄鹤楼相关的诗、词、文、赋，他与黄鹤楼的联系也是间接的。当时著名骈文家汪中应他的要求撰写（或曰代写）了《琴台铭》和《黄鹤楼记》两篇名文，影响很大。

与黄鹤楼相关的状元实在太少。目前已知历代湖北籍状元就有九个，其中宋代除冯京外，还有宋庠、郑獬、毕渐，明有任亨泰、张懋修（张居正之子），清有刘子壮、陈沆、蒋立庸。刘子壮生活于明末清初，其时黄鹤楼已毁，其他人都有登临黄鹤楼的机会，但是均不见有相关记载。

历代在湖北做过官的状元有五十多位；湖南、广东、广西等地的状元回乡探亲一般也要经过黄鹤楼所在地夏口；在以长安、洛阳、汴京、北京为都城的朝代，任职于京城的状元出差南方一般也要经过湖北，但这依然不能使与黄鹤楼有直接或间接联系的状元多起来。这大概有两个原因。

其一，自崔颢以黄鹤楼为题写下了那首千古绝唱之后，连李白写的15首与黄鹤楼相关的诗也只有《黄鹤楼送孟浩然之广陵》及《与史郎中钦听黄鹤楼上吹笛》得以广泛流传，而以山水田园诗名世的王维《送康太守》一诗则很少有人知道，致使其他诗人都不敢措手，包括杜甫。顾况、白居易、贾岛、罗隐、苏轼、苏辙、陆游、杨基、王世贞、袁中道等著名文学家不信邪，都留下了关于黄鹤楼的题咏，依然均未流传开来，所以状元们即使有机会登临又岂敢轻易出手？如宋代状元词人张孝祥在现在的湖南、湖北都任过主要职务，在湖南有《水调歌头·过岳阳楼作》和《念奴娇·过洞庭》，在湖北却没有关于黄鹤楼的作品。

再说，虽然大多数状元诗、词、文、赋都能应付，且被《中国文学家大辞典》及其他相类工具书视为文学家的唐、宋、明、清均在30%以上，但真正特别突出的却很少，在影响最大的游国恩本《中国文学史》中列入目录的唐代只有王维，宋代只有张孝祥和文天祥；明代康海未列入目录，只在正文中简略提及；元代与清代则一个也没有被选中。状元们绝大多数应该是有自知之明的，他们审时度势，也容易打消凑热闹的心思。

其二，“黄鹤楼历经沧桑，屡毁屡建，不绝于世，可考证的就达30余次之多”。也许还有状元任职湖北、经过湖北时黄鹤楼已毁，或正在重建中，或登临时有过题留，但因种种原因没有保存下来。《黄鹤楼总说·大事记》所云“明初及正德年间曾各有过《黄鹤楼诗集》，但均已散失”便是其原因之一。

7. 其他

(1) 白居易

卢侍御与崔评事为予于黄鹤楼置宴宴罢同望

白居易

江边黄鹤古时楼，劳致华筵待我游。

楚思淼茫云水冷，商声清脆管弦秋。

白花浪溅头陀寺，红叶林笼鹦鹉洲。

总是平生未行处，醉来堪赏醒堪愁。

(2) 贾岛

黄鹤楼

贾岛

高槛危檐势若飞，孤云野水共依依。

青山万古长如旧，黄鹤何年去不归？

岸映西州城半出，烟生南浦树将微。

定知羽客无因见，空使含情对落晖！

(3) 刘禹锡

出鄂州界杯表臣二首

刘禹锡

离席一挥杯，

别悉今尚醉。

迟迟有情处，

却恨江帆驶。

梦觉疑连榻，

舟行忽千里。

不见黄鹤楼，

寒沙雪相似。

(4) 陆游

黄鹤楼

陆游

苍龙阙角归何晚，

黄鹤楼中醉不知。

汉江交流波渺渺，

晋唐遗迹草离离。

美景绝色，引得天下诗人骚客笔耕不辍，可谓“眼前有景道不得”，想了解其中的趣味，还是寻机自己去走访一下这如诗如画的黄鹤楼吧！

四、以黄鹤楼命名的传说

黄鹤楼蜚声中外，以动人的传说、壮丽的景观及浓郁的文化气息吸引着中外游人。关于它的起源，更有多种版本，但不外乎“因山得名”和“因仙得名”两种说法。

（一）因山得名

古时黄鹤楼位于武汉市武昌区的蛇山之巅，而蛇山是由东西排列而首尾相连的七座山组成的。自西而东依次为黄鹄山、殷家山、黄龙山、高观山、大观山、棋盘山和西山，全长两千余米，因其形似伏蛇，故名蛇山。黄鹤楼在黄鹄山之顶，古语中“鹄”和“鹤”二字通用，故又称黄鹤山，此山上的楼也因此名为黄鹤楼。

（二）因仙得名

民间流传最广的故事有两则：

1. 相传，吕洞宾游玩了四川的峨眉山后，一时心血来潮，打算去东海寻仙访友。他身背宝剑，沿着长江顺流而下。这一天，来到了武昌城。这里的秀丽景色把他迷住了，他兴冲冲地登上了蛇山，站在山顶上举目一望，嗬！只见对岸的那座山好像是一只伏着的大龟，正伸着头吸吮江水；自己脚下的这座山，却像一条长蛇昂首注视着大龟的动静。吕洞宾心想：要是在这蛇头上再修一座高楼，站在上面观看四周远近的美景不是更妙吗！可这山又高，坡又陡，谁能在这上面修楼呢？有了，还是请几位仙友来商量商量吧。

他把宝剑往天空划了那么一个圈，何仙姑就驾着一朵彩云来了，他连忙把自己的想

法向她说了，何仙姑一听就笑了："你让我用针描个龙绣个凤还差不多，要说修楼，你还是请别人吧!"吕洞宾又请来了铁拐李，铁拐李一听哈哈大笑："你要是头发昏，我这里有灵丹妙药，要修楼，你另请高明吧!"吕洞宾又请来了张果老，张果老摇着头说："我只会倒骑着毛驴看唱本。"说罢，也走了。吕洞宾想，这下完了，连八仙都不行，哪里还有能工巧匠呢？正在这时，忽然听到从空中传来一阵奇怪的鸟叫声，他连忙抬头看，只见鲁班师傅正骑着一只木鸢朝着他呵呵地笑呢。吕洞宾急忙迎上去，把自己的想法又说了一遍。鲁班师傅走下木鸢，看了看山的高度，又打量了一下地势，随手从山坡上捡来几根树枝，在地上架了拆，拆了架，想了一会说："咱们改天再商议吧。"

第二天早上，鸡刚叫头遍，吕洞宾就急急忙忙地爬上蛇山，只见一座飞檐雕栋的高楼已经立在山顶上了。他大声呼喊着鲁班的名字，登上最高一层，可连鲁班的影子都没有看到，只看见鲁班留下的一只木鹤。这木鹤身上披着黄色的羽毛，正用一对又大又黑的眼睛望着他。吕洞宾非常高兴，凭栏而望，面对长江吹起了曲子，木鹤竟然随着音乐翩翩起舞。他骑到了木鹤身上，木鹤立时腾空，冲出了楼宇，绕着这座高楼飞了三圈，一声鹤唳，钻进白云里去了。后来，人们就给这座楼起了个名字，叫黄鹤楼。

2. 古时候，蛇山一直伸到江水里，临江的石壁像刀削斧砍的一样，被称为黄鹤矶。人们都喜欢登上黄鹤矶观赏长江的风光。有个姓辛的寡妇，在黄鹤矶头开了一家酒店，尽管酒店的陈设简单，但是此处可以饮酒赏景，又加上辛氏乐善好施，为人很好，所以她的生意也算不错。

有一天，一个老道走进酒店向她讨酒喝。辛氏见他衣衫褴褛，骨瘦如柴，很是可怜，就笑脸相迎，以礼相待，给他端来了好酒好菜。谁知道老道吃饱喝足以后，连个招呼都不打就扬长而去了。第二天，老道又找上门来，辛氏仍然用好酒好菜招待他。以后每天如此，辛氏从来不要他一文钱。不知不觉过了一个多月，辛氏依旧如故，每次老道过来都是热情款待。一天，老道喝完酒对辛氏说："我要到远方去云游了。蒙你一向照料，我要好好谢谢你。"说完，就拿

起一块橘皮，在墙壁上画了一只黄鹤，他说："这只黄鹤送给你了，以后有客人来喝酒，你只要摆手，黄鹤就会下来跳舞，帮你招徕客人。"随后，他又把井水变为酒水以此来答谢辛氏，辛氏正想拜谢之际，那老道却忽然不见了。

十年后，辛氏建起了新酒楼，取名"辛氏楼"。这时老道突然出现在酒店，对辛氏说："十年所赚的钱，可够我欠的酒债?"辛氏连忙道谢，老道取下随身携带的玉笛，对着墙上的黄鹤吹起一只动听的曲子，黄鹤似乎听到了主人的召唤，徐徐展翅飞出墙壁，道士骑鹤直上青天，在云端徘徊几番才缓缓飞开，终于不知去向。辛氏为了纪念这位令人难忘的老道和他的仙鹤，便出资在蛇山黄鹤矶头修造了一座巍然耸立的黄鹤楼。

关于这则美丽的神话故事，有三种不同的说法，第一种说法认为这位仙人是黄子安，第二种说法认为是费祎，第三种说法没有仙人的名字，介绍如下：

(1) 仙人是黄子安

依《南齐书·州郡志》记载："古代传说，有仙人子安尝乘黄鹤过此，故名。"指出是因为曾有一位名子安的仙人，乘黄鹤经过此地，所以命名为黄鹤楼。

(2) 以为是仙人费祎

依《图经》的记载说："昔费祎登仙，尝驾黄鹤还憩于此，遂以名楼。"认为黄鹤楼命名的由来，是指费祎尸解为仙后，曾驾着黄鹤回来，并在这栋楼休息，故名为黄鹤楼。

(3) 只说是一位仙人

这个传说的记载比较详细，出自《报应录》。原文是："辛氏昔沽酒为业，一先生来，魁伟褴褛，从容谓辛氏曰：许饮酒否？辛氏不敢辞，饮以巨杯。如此半岁，辛氏少无倦色，一日先生谓辛曰，多负酒债，无可酬汝，遂取小篮橘皮，画鹤于壁，乃为黄色，而坐者拍手吹之，黄鹤蹁跹而舞，合律应节，故众人费钱观之。十年许，而辛氏累巨万，后先生飘然至，辛氏谢曰，愿为先生供给如意，先生笑曰：吾岂为此，忽取笛吹数弄，须臾白云自空下，画鹤飞来，

先生前遂跨鹤乘云而去，于此辛氏建楼，名曰黄鹤。”

以上当然是神话传说。三国时在这临江的山巅建楼，首先还是出于军事上的需要，但后来逐渐成为文人荟萃，宴客、会友、吟诗、赏景的游览胜地。

江南三大名楼，为汉阳之黄鹤楼、岳阳之岳阳楼、南昌之滕王阁。有人问：江南三大名楼特色何在？哪个楼略胜一筹？览胜归来，自然称道“黄鹤楼”——“天下绝景” “天下江山第一楼”果然名不虚传。

泱泱中华，多少名篇巨作未能流芳百世；浩浩华夏，多少恢弘巨制未能保全幸存。此三楼幸矣，均“文以楼名，楼以文传”，历经磨难而独存，饱经风霜而弥坚，巍巍然屹立于湖之岸河之滨，灿灿然点亮中华历史。

话说黄鹤楼建在武昌江边的黄鹄矶上，“龟蛇锁大江”，是古代文人骚客登临咏诗胜地。登楼眺望，远山近水一览无余。崔颢“昔人已乘黄鹤去，此地空余黄鹤楼。黄鹤一去不复返，白云千载空悠悠。晴川历历汉阳树，芳草萋萋鹦鹉洲。日暮乡关何处是，烟波江上使人愁”的千古一叹，李白“故人西辞黄鹤楼，烟花三月下扬州。孤帆远影碧空尽，唯见长江天际流”的千古咏唱，都是站在人生的高度，叹时光之流逝，人事之无常，家园之难归。时光不再，白云空悠悠；故人不再，长江天际流；乡关何处，烟波使人愁。连伟大、豪迈如毛泽东之人借古人之口，幽然喟叹，子在川上云：“逝者如斯夫！”这是生命的无奈，伟人、平民概莫能外。登临黄鹤楼，遥望对岸繁华市容，俯看脚下如梭车流，江上滚滚浊浪，不知从哪里来往哪里去，义无反顾，奔流不息，这也是人生一往无前的一种写照。

孔府孔庙孔林

孔庙、孔府和孔林统称为“三孔”，是我国规模最大的集祭祀孔子及其后裔的府邸、庙宇和墓地于一体的具有东方建筑色彩和格调、气势雄伟壮丽的庞大古建筑群。其以悠久的历史、宏大的规模、厚重的文化、丰富的文物珍藏以及高超的艺术价值而著称于世。1994 年 12 月被联合国教科文组织列入《世界遗产名录》。

一、简介

（一）孔庙、孔府和孔林

孔庙、孔府和孔林，又统称为“三孔”，是我国规模最大的集祭祀孔子及其后裔的府邸、庙宇和墓地于一体的具有东方建筑色彩和格调、气势雄伟壮丽的庞大古建筑群。“三孔”坐落在山东曲阜市中心，它们是在孔子故居的基础上逐步发展起来的，是中国历代推崇儒家文化、纪念孔子的表征。

它们以悠久的历史、宏大的规模、厚重的文化、丰富的文物珍藏以及高超的艺术价值著称于世，于 1994 年 12 月被联合国教科文组织列入《世界遗产名录》。

孔庙、孔林、孔府建筑群凝聚了我国古代建筑艺术的精华，极具美感。同时在建筑的布局、规划和装饰等方面，也反映出儒家思想的精髓。它们不仅是内涵丰富的文化类遗产，同时还拥有大量有价值的自然遗产。

（二）孔子与儒家学说

孔子（公元前 551—公元前 479 年），名丘，字仲尼，鲁国人，是中国儒家学派的创始人，他对后世的影响非常深远，是我国乃至世界上最伟大的思想家、教育家、哲学家之一。

孔子生在鲁国。鲁国为周公旦之子伯禽封地，对周代文物典籍保存完好，素有“礼乐之邦”之称。鲁昭公二年（公元前 540 年），晋国的大夫韩宣子访问鲁国时，观书后赞叹：“周礼尽在鲁矣!”鲁国文化传统与当时学术下移的形势对孔子思想的形成有很大影响。

孔子 15 岁时，即“志于学”，尤其善于向别人学习，曾言道：“三人行，必有我师焉。择其善者而从之，其不善者而改之。”（《论语·述而》）因此有

“博学”之誉。在“三十而立”之年开始授徒讲学，不分贵贱，凡带一点“束脩”的，都收为学生。如颜路、子路、冉有、子贡、颜回等，是较早的一批弟子。连鲁大夫孟僖子之子孟懿子和南宫敬叔都来学礼，可见孔子办学已闻名遐迩。私学的创设，打破了“学在官府”的旧制，进一步促进了学术文化的发展。

孔子的思想核心是“仁”，“仁”就是“爱”。同时，他把“礼”作为行为的规范和目的，使“仁”和“礼”相互为用。他所提出的社会理想及原则，既维护了以君、臣、父、子为核心的宗法等级制度，又强调了各等级之间应该承担的责任和义务。在治国的方略上，孔子主张“道之以德，齐之以礼”，用道德和礼教来治理国家，以期再现“礼乐征伐自天子出”的西周盛世。这种治国方略也叫“德治”或“礼治”，这种把德、礼施之于民的做法，实际上已打破了传统的礼不下庶人的封建信条。他的“仁”说，体现了人道精神；他的“礼”说，则体现了礼制精神，即现代社会意义上的秩序和制度。人道主义是人类永恒的主题，对于任何社会、任何时代都是适用的；而秩序和制度则是建立人类文明社会的基本要求。孔子的这种人道主义精神和礼制精神是中国古代社会政治思想精华的浓缩。

可惜的是，孔子的政治理想在当时并未得以真正实施。他虽多次受各诸侯国礼遇，可始终不被重用。于是，孔子晚年不再直接参与政治活动，而是致力于整理古代文化典籍并继续从事教育工作，大规模地开展文化教育事业。

孔子一生的主要言行，经其弟子和再传弟子整理编成《论语》一书，孔子的学说也主要集中在这本书中，成为后世儒家学派的经典。人们历来对此书评价甚高，北宋大政治家赵普曾有“半部《论语》治天下”之说。

孔子所创立的以“仁政德治”为核心的儒家学说包罗万象，博大精深。他的学说影响了中国两千多年的历史发展进程，他的思想已逐渐渗入到中国人的生活与文化领域中，深刻地影响着每一个中国人的思想和行为模式，成为东方人品格和心理的理论基石。他的儒家文化也逐渐成为中华民族传统文化的主流和基础，时至今日仍在社会生活中发挥着巨大的积极作用。他也由此被尊为“至圣先师”“万世师表”。

孔子不仅属于历史，也属于当代；不仅属于中国，也属于世界。他所创立的儒家学说甚

至影响到了亚洲、欧洲、美洲、非洲等很多地区。在西方人心目中，孔子与希腊古代哲人苏格拉底、柏拉图一样享有盛名。在朝鲜、日本、越南等亚洲国家，儒家思想也被奉为封建社会的正统思想。近年来，有些国家还开设了孔子学院，如在 2004 年，中国第一所海外孔子学院在韩国首都举行了挂牌仪式；2005 年，美国马里兰大学同意建立马里兰孔子学院；之后不久，中国同瑞典关于建立斯德哥尔摩孔子学院一事达成协议；肯尼亚同意在内罗毕大学设置孔子学院……

（三）孔子与曲阜

曲阜位于山东省的西南部，有着五千多年的悠久历史，被世人尊称为“东方圣城”，为世界三大圣城之一。“千年礼乐归东鲁，万古衣冠拜素王”，曲阜之所以享誉全球，是因为它与孔子的名字紧密联系在一起。

曲阜是儒学、儒教的发源地。我国古代著名思想家、教育家、儒家学派创始人孔子在此留下了众多的活动遗迹：他出生于尼山，在阙里成长，在杏坛设教，最后葬于泗上，两千多年来一直在此受后人祭拜。另外，曲阜也是中国另一位伟大的思想家、教育家孟子的出生地。正因这些丰厚的文化积淀，曲阜被列为国务院首批公布的二十四个历史文化名城之一。

曲阜是古代东夷族部落居住中心、大汶口文化和龙山文化主要地区，亦是周代东方的礼乐之邦，这就为儒学的产生提供了丰厚的基础。在这得天独厚的文化氛围的熏陶下，孔子勤学好思，孜孜不倦，严谨治学，修订《诗》《书》《礼》《乐》《周易》《春秋》等，较全面地整理了中国古代文献。同时，他潜心教学，培养弟子三千人，其中精通六艺（礼、乐、射、御、书、数）者七十二人，也就是所说的“七十二贤人”，如颜回、子路、子贡等。他积毕生之功力，在曲阜创立并传播了儒家学说。

作为孔子的故乡，曲阜素以历史悠久、文化氛围浓厚、文物丰富及古建筑雄伟称誉世界。全市现有文物保护单位三百余处，重点文物保护单位一百余处。其中以“三孔”（孔府、孔庙、孔林）最为著名。

二、孔府

（一）孔府简介

孔府，又称“圣府”“衍圣公府”，坐北朝南，位于孔庙的东侧，是孔子嫡长孙的衙署及府第。孔府不仅是公侯府第，还是圣人之家，是封建最高统治者钦封的，而且不受王朝更替影响并可世代承继，千年不衰，因此享有“天下第一家”之称。它是我国仅次于明、清皇帝宫室的最大府第，也是中国封建社会官衙与内宅合二为一的典型建筑。

孔子死后，历代封建王朝在尊崇孔子的同时，不断追加其谥号。同时，历代帝王对孔子后裔也一再加封，对其嫡长孙屡次加官晋爵。公元前 195 年，九代孙孔腾被封为奉祀君以奉祀孔子，以后代代沿袭。北宋至和二年(1055 年)，宋仁宗改封孔子第四十六代孙孔宗愿为世袭“衍圣公”。此次加封达到巅峰，这一封号自宋至民国初年，一直延续到七十七代，前后共有四十多人袭封，历时八百余载，成为中国历史上享有特权最长久的贵族世家。

“衍圣”的意思是指“圣道”“圣裔”能繁衍接续，其子孙可世代相袭。“衍圣公”是我国封建社会享有特权的大贵族。衍圣公的主要职责是奉祀孔子、护卫孔子林庙，宋以后陆续增加了管理孔氏族人、管理先贤先儒后裔等职责。

（二）历史沿革及文物收藏

孔府是中国传世最久、规模最大的封建贵族庄园，同时还设有一套完整的管理机构，拥有部分政权职能。

孔子去世后，子孙一直依庙居住，当时只为看管孔子遗物。宋代，为纪念孔子，宣扬儒家思想，于宝元元年（1038 年）始建孔府。北宋至和二年(1055 年)仁宗封孔子四十六世孙孔宗愿为“衍圣公”，

在原曲阜（当时称为仙源，在今曲阜县城东十里）县城内建造了衍圣公府。

明洪武十年（1377年），太祖朱元璋诏令衍圣公设置官司署，特命在阙里故宅以东重建府第。至此，衍圣公府独立了出来，世代袭封。弘治年间，孔府曾遭受火灾，弘治十六年（1503年），孔府奉旨重修。正德八年(1513年)，曲阜县城移至孔庙、孔府所在地，以便能更好地对其进行保护。孔庙、孔府便成为曲阜新城中心区的主要建筑。

清代，在原有的基础上进行了几次较大规模的重修、维护。现存的孔府基本上保持了清代的面貌。

因世代尊荣，屡加封赏，孔府积攒了大量稀世珍宝。府内现仍保存有许多珍贵的文物，约三万余件。其中大部分是历代封建皇帝为表示对孔子的尊崇而不断赏赐给他的后代子孙的，如御制诗文、礼器乐器、儒家典籍、帝后墨宝、文房四宝等应有尽有，其中最为著名的“商周十器”，也称为“十供”，原为宫廷所藏青铜礼器，是乾隆帝赐予孔府的。府内还保存着著名的数以万卷的孔府档案，是研究我国封建社会历史变迁不可多得的第一手资料。另外还有其子孙自行搜集之历代奇珍等文物。

（三）建筑特色及特色建筑

随着孔子后世官位的升迁和爵位的提升，也随着儒家思想不断地演变为中国封建社会的正统思想，孔府的建筑规模也得以不断地扩大。至清代，已具备现在的规模。孔府占地七千余平方米，现存有古建筑一百五十二座，四百多间。

因孔子嫡孙恪守诗礼传家的祖训，如此庞大的建筑也受到儒家礼仪的制约，留下了儒家宗法制度与伦理观念的印迹。

整个孔府建筑群沿用中国传统的前堂后寝制度，前堂部分有官衙、东学、西学，供处理公务、会客之用，是对外活动的场所；后寝部分有内宅、花厅、一贯堂等，是家族生活的场所。建筑功能分区明确，排列井然有序。

孔府的建筑群前后共分九进院落，严格遵循礼教与宗法原则，左右对称，成中、东、西三路布局。东路即东学，是孔氏的家庙和作坊所在，有一贯堂、

慕恩堂、孔氏家庙及作坊等，其中“一贯堂”为次子的居所。西路即西学，是接待贵宾和读书习礼的地方，有红萼轩、忠恕堂、安怀堂及花厅等。中路为孔氏宗子（即嫡长子长孙）衍圣公所，居中为尊，所以孔府建筑的主体部分在中路，以此体现宗子的尊贵地位。中路建筑，前为官衙，有三堂六厅，后为内宅，有前上房、前堂楼、后堂楼、配楼、配间等。中路官衙、内宅界限分明，体现了男女授受不亲、内外有别的封建伦理观念。

孔府的建筑也是“园宅结合”的范例，最后为花园，名“铁山园”。

孔府东、西面还分别建有东仓、西仓、车栏、马号、柴园等；孔府南、北面还有族人及仆役家属居住区。

孔府建筑物的名称也打上了儒家思想的烙印，“东学”“西学”，既赞扬了孔子在教育界所取得的辉煌成就，又显示了孔子嫡孙以诗礼传家、好学上进的态度。而“一贯堂”“忠恕堂”“安怀堂”等既赞扬了孔子的政治理想，又表明了孔子嫡孙仿效的决心。

按封建礼制,孔府的规模之大已超过公府的定制。中、东、西三路建筑已将政务、祭祀、学习、宴客、生活、俗务等包罗俱全，布局俨然是小型宫殿。孔府在大门、二门、仪门、正厅等处明间阑额上绘有宫廷“双龙捧珠”和玺彩画，反映出它是拥有皇家特权的贵族府第。

1. 大门

孔府大门也被称作“圣府大门”，系明代建筑，主体结构及外观均保持明代式样和风格。共有 3 间，高 7.95 米，长 14.36 米，宽 9.67 米。门前左右两侧，有一对两米多高的圆雕雌雄石狮。红边黑漆的大门上镶嵌着狻猊铺首，大门正中上方高悬着蓝底金字的“圣府”匾额，门两旁的明柱上悬挂有一副金字对联：“与国咸休安富尊荣公府第，同天并老文章道德圣人家。”如此大的气派，足以表明孔府在封建社会中所处的显赫地位。

据说，“圣府”匾额为明朝奸相严嵩所题。而孔府大门最值得人留意的却是门两旁的对联。相传，这副对联出自清代大才子纪晓岚之手，文采自不必说，更是高度赞誉了“至圣先师”

孔子的学说堪与日月争辉共久长的无与伦比的文化地位，寓意其子孙后代也将与国家同休戚、共命运，永享富贵。人称“天下第一联”。

初看之下，这副对联似乎有两处笔误，一是“富”字上面缺了一点，另一个是“章”字的一竖出了头，直通“立”字。其实不然，这是孔府故意为之，其意为孔府后世子孙“富贵无头”，永享富贵荣华；“文可通天”，世间无人能及。真可谓独具匠心，寓意奇巧。还有一说，纪晓岚在为孔府书写门联时，“章”字书写了数遍皆不如意，遂弃笔安歇，睡梦中见一老翁在他写的“章”字上画了一笔，破“曰”成“田”状，醒后一挥而就，果然气势不凡，于是就有了现在所见到的“笔误”。这就是所谓的“文章通天”，无人能及。

2. 二门

进入孔府大门，再穿过第一进狭长的庭院，便是孔府中路的第二道大门，俗称二门。这道门建于明代，门楣高悬明代诗人、吏部尚书、文渊阁大学士李东阳手书“圣人之门”的竖匾，门柱有石鼓夹抱。正门左右各有侧门一道，耳房一间。在封建社会，平时只走侧门，正门不开，以示庄严。

3. 重光门

进入二门，迎面就可见到一座独具风格、小巧玲珑的屏门，因门楣上悬挂有明代皇帝朱厚熜题写的“恩赐重光”匾，故称“重光门”。这道门建于明弘治十六年（1503年），高5.95米，长6.24米，宽2.03米。此门为木结构，两侧不接墙垣，四对石鼓夹立四根圆柱，上面承托着彩绘梁椽、上覆灰瓦的门顶，前后各缀有四个倒垂的木雕贴金花蕾，故又称“垂花门”。这道门结构严谨，风格独特，在建筑工艺上具有很高的研究价值。

在封建社会，这道门平时是不开的，只有在皇帝临幸、迎接圣旨、举行重大庆典或祭祀活动时才开启，故又称“仪门”或“塞门”。据说这样的塞门一般官宦人家是没有资格建造的，只有封爵的“邦君”才能享受这样的特殊待遇，故《论语·八佾》中有“邦君树塞门”的记载。

重光门两侧的东西厅房，是孔府仿照封建王朝的“六部”而设立的六厅，分别为典籍厅、司乐厅、掌书厅、知印厅、管勾厅、百户厅。它们是负责处理日常事务的管理机构。

4. 大堂

过了重光门，院中有一片台基，台基后便是宽敞的正厅，这就是孔府大堂。这是当年衍圣公府迎接圣旨、接见官员、处理重大公务、申饬家法族规的地方，也是在节日、寿辰等举行仪式的地方。

大堂系明代建筑。厅堂共 5 间，进深 3 间，高 11.5 米，长 28.65 米，宽 16.12 米。灰瓦覆顶，脊施瓦兽，九檩四柱前后廊式木架，具有明时风格。大堂内设有八宝朱红暖阁、虎皮太师椅，椅前窄长而高大的红漆公案上，摆着文房四宝、印盒、签筒等。大堂正中悬挂“统摄宗姓”匾，是清顺治帝所赐，上面记有顺治六年（1649 年）谕旨，令衍圣公“统摄宗姓，督率训励，申饬教规，使各凛守礼度，无玷圣门”，规定了衍圣公在孔氏家族中的种种特权。大堂两侧及后墙陈设有正一品爵位的仪仗，如历代赏赐的金瓜、钺斧、曲枪、雀枪、钩镰枪、朝天镫、云牌、云锣、龙旗、凤旗、虎旗、伞、扇等仪仗。还有象征其封爵和特权的官衔牌，如“袭封衍圣公”“光禄寺大夫”“赏戴双眼花翎”“赏穿带嗉貂褂”“紫禁城骑马”“奉旨稽查山东全省学务”等等。旧时，每当衍圣公出行时，都有专人执掌，以显示出他的威严及特权。

5. 二堂

位于大堂之后，因此也被称为后厅。以穿廊与大堂相连接，两堂呈“工”字形排列。是当年衍圣公会见四品以上官僚及受皇帝委托每年替朝廷考试礼学、乐学及童生的地方。

二堂系明代建筑，厅堂共 5 间，高 10.2 米，长 19 米，宽 7 米。室内上悬清圣祖康熙帝手书蓝底金字“节并松筠”匾和清高宗乾隆皇帝手书“诗书礼乐”匾，两旁立着几块石碑，为清道光、咸丰帝和慈禧太后御笔诗画等。其中慈禧太后手书的“寿”字碑、“九桃图”“松鹤图”等，是清光绪二十年（1894 年），衍圣公孔令贻及其母、其妻赴京专程为慈禧祝寿时赏赐的。

二堂两头的梢间以板墙分隔，东为启事厅，西为伴官厅。

6. 三堂

位于二堂之后，又称“退厅”“退堂”，

是衍圣公接见四品以上官员的地方，也是他们处理家族内部纠纷和处罚府内仆役的场所。据孔府档案记载：“孔氏族人和佃户、仆役犯法，孔府可自行审讯、行刑、断结。”

三堂为明代建筑，面阔五间，高 9.95 米，长 27.42 米，宽 11.8 米。堂内设公案，摆放印、签、文具等，两侧摆放铜镜等物品。正中悬挂有清高宗乾隆御书“六代含饴”匾额。

三堂两头的梢间以实墙分隔。东间为衍圣公接待一般客人的地方，西间是撰写奏章的地方。

此院的东西配间各有一进院落，东为册房及司房，册房掌管公府的地亩册契，内为司房，掌管公府的总务和财务；西为书房，为当年公府的文书档案室。

7. 内宅门

三堂之后，便是孔府的内宅部分，亦称内宅院。为划清官衙与住处的界线，特意在此立一道禁门——内宅大门。此门也是明代建筑，高 6.5 米，宽 6.10 米。

此门戒备森严，凡 7 岁以上男子及任何外人若未经准许，俱不得擅自入内。清朝皇帝特赐虎尾棍、燕翅镗、金头玉棍三对兵器，由守门人持武器立于门前，有不遵令擅入者严惩不贷，“打死勿论”之戒训至今仍高高挂在内宅大门上。

为了保持与外界的联系，在内宅门专设两种特殊岗位：差弁和内传事。各设十几人，轮番在门旁耳房内值班，随时向外和向内传话。门的西侧还有一个特制的露出墙外的曲形石槽，府内规定挑水夫不得进入内宅，只是把水倒入槽内，隔墙流入内宅。

进入内宅大门，就是内宅的二门，古时所谓的“大门不出二门不迈”指的就是这里。由此可见，封建礼教在此表现得是何等的淋漓尽致！

8. 前上房

明代建筑，位于“贪”壁正北方。院内正厅共 7 间，院两侧有东西厢房各 5 间，为府内收藏礼品的库房和账房。这里是孔府主人接待至亲和近支族人的客厅，也是他们举行家宴和婚丧仪式的主要场所。

前上房院内置有两口“吉祥缸”，又名“北海”，意为缸中水深似海，可以扑灭火灾。院内东西两侧各有一株茂盛的十里香树，房前有一大月台，四角各

置有一个带鼻的石鼓，是古时府内戏班唱戏时扎棚的脚石。

前上房内，正中高悬“宏开慈宇”的大匾，中堂之上，挂有一幅慈禧亲笔书写的“寿”字。室内家具精美，文物古玩琳琅满目。东侧间，陈列着乾隆皇帝赐予孔府的荆根床、椅。桌上放置有同治皇帝的圣旨原件。还摆放着色彩鲜艳、花纹古朴的明代“景泰蓝”。西里间，为孔子七十六代孙、衍圣公孔令贻签阅文件的地方，桌上放有文房四宝，书架上还陈列着儒家典籍和孔氏家谱。

梢间，桌上摆设着一大套满汉餐具，共有 404 件。器皿上分别雕有鹿、鸭、鱼等，由此可见，旧时的孔府对饮食可是非常讲究的。

9. 前堂楼

穿过前上房，过一道低矮的小门，便进入了前堂楼院。院内苍松挺拔，鱼池东西对列，恬静雅致，大有移步换景之感。前堂楼位于其中，是衍圣公住所。

此楼为清光绪十二年（1886 年）重建。7 间 2 层，高 13.1 米，长 30.96 米，宽 11.3 米，明次间为客厅，东西两套间为卧室。楼前有垂珠门，两侧有东西配楼，共 3 间 2 层，长 10.16 米，宽 6.5 米。

室内陈设布置仍保持着当年的原貌。中间设一铜制暖炉，为旧时冬天取暖用的器具。东间的“多宝阁”内，摆设着凤冠、人参、珊瑚、灵芝、玉雕、牙雕等。里套间为孔子七十六代孙、衍圣公孔令贻夫人陶氏的卧室，再里间是孔令贻两个女儿的卧室。七十七代孙、衍圣公孔德成 14 岁时写的“圣人之心如珠在渊，常人之心如瓢在水”的条幅，仍原封不动地挂在壁上。

10. 后堂楼

清代建筑，光绪十二年重建。过前后抱厦，进入后堂楼院。后堂楼为 7 间 2 层台楼，东西两侧各有 2 间 2 层配楼，形制与前堂楼相同。后堂楼高 13.6 米，长 31.23 米，宽 11.88 米，是孔子七十七代孙、衍圣公孔德成的住宅。东套间内部已于民国时期用新式天花板和地板改建。

室内陈列着孔德成夫妇结婚时的用品，以及当时友人赠送的字画和礼品。东里间为当时的接待室，摆设着中西结合的家具，里套间是孔德成和夫人孙琪芳的卧室。东墙上的镜框内镶有孔德成夫妇及儿

女的合照，后堂楼西边的两间是孔德成夫人奶妈的卧室。

院内的房子是当年府内做针线活的地方，西楼是招待内客亲属的住宅。后堂楼西边还有一座楼，为佛堂楼，是衍圣公烧香拜佛的处所。后堂楼之后还有 5 间正房，叫后五间，旧称“枣槐轩”，原是衍圣公读书的处所，清末成为女佣的住宅。

11. 后花园

孔府花园位于孔府北部，在孔府内宅后院。因清嘉庆年间七十三代衍圣公孔庆镕重建此园时为装点园景，在花园西北隅放置了数块形似山峰的铁矿石，因此又称“铁山园”。从此，衍圣公孔庆镕也以“铁山园主人”自称。

此花园建于明代弘治十六年（1503 年），重修扩建孔府时同时修建，由当时身为太子太傅、吏部尚书、华盖殿大学士的李东阳监工设计。在修建完孔府和孔庙后，李东阳曾四次作诗填赋，勒碑刻铭，以记载这一盛举。到明代嘉靖年间，身兼太子太傅、吏部尚书、华盖殿大学士等职位，位列“一人之下，万人之上”的当朝首辅——严嵩取代了李东阳的位置，他也看中了孔府，把自己的孙女嫁给了孔子六十四代孙、衍圣公孔尚贤为一品夫人。严嵩又帮助衍圣公扩建重修孔府和整修花园，他倚仗自己的权势，从全国各地搜罗怪岩奇石、移植奇花异草，把它们装饰在孔府后园，从而使得此园更为壮观。

孔府花园从李东阳、严嵩到乾隆皇帝，前后三次大修，其间还有中修和小修，因此花园越修越大，越来越壮观，占地达十余亩。园内南北小路将花园分为东西两区：西区有牡丹池、芍药园、竹林、铁山等景观；东区有翠柏书屋、荷花池、凉亭、水池等，水池南边为太湖石堆砌的假山。园内古树参天，环境清幽，的确是休闲的好去处。

后花园内现仍存有两大奇景：五柏抱槐和金光大道。五柏抱槐是一处具有近四百年历史的自然景观，一株柏树分五枝，中生槐树一株，的确是天下少见之奇观。同时，它们又神奇地诠释了孔子“仁爱至上”“和谐共处”的思想。有诗赞曰：“五干同枝叶，凌凌可耐冬。声疑喧虎豹，形欲化虬龙。曲径阴遮暑，高槐翠减浓。天然君子质，合傲岱岩松。”

金光大道是后花园照壁上的一幅画的名称，也称之“通天大道”。据说这是世界上第一幅透视画，相传为园内花工所作。这幅画的内容其实很简单：一汪水、一条路、一排树。其奇妙之处在于，它是利用焦点画法绘制而成的，因此，无论你站在哪个角度，画中的道路总在正前方，给人以前途无量、仕途坦荡之感。

另有两处人文景观分别是“阁老凳”与“贪壁”。

大堂后面有一穿廊与二堂相连。穿廊里放置有一条长红漆凳，人称“阁老凳”。此凳系当年严阁老来孔府坐候之物。虽不起眼，但也大有来历。据传，明代权臣严嵩数十年把持朝政，弄得朝廷上下怨声载道，晚年被弹劾，将被治罪时，曾到孔府来托衍圣公（即其孙女婿）向皇帝说情。可是衍圣公非但未应允，而且拒不接见。严阁老在此一坐就是几个时辰，现在所说的“坐冷板凳”就是这么来的。

进入内宅门，可见一影壁，影壁墙的反面，绘有一幅状似麒麟的动物，名叫“贪”，故此影壁也叫“贪壁”。相传，“贪”是天界的神兽，怪诞凶恶，生性饕餮，能吞金银财宝。尽管在它的脚下和周围全是宝物，但它仍不满足，还想吃掉太阳，真可谓贪得无厌了。过去官宦人家常将此画绘在日常容易见到的地方，借以提醒自己，引以为戒。孔府将“贪”画在此处，一出门即可看到，其用意是告诫子孙后代要严于律己，不要贪赃枉法。这幅画也可算是一条重要的家训吧。

三、孔庙

（一）简介

孔庙又称“至圣庙”，位于曲阜城区的中心，在孔府的西侧。孔庙是我国祭祀孔子的所有庙堂中，建造历史最为悠久、规模最大的一座，是我国最为主要的祭孔圣地。它是分布在中国、朝鲜、日本、越南、印度尼西亚、新加坡、美国等国家和地区两千余座孔子庙的范本。此庙初建于孔子死后第二年(公元前478年)，鲁哀公以其故宅为基址，改建为庙。此后历代封建帝王不断追谥加封孔子，扩建庙宇。至清代，雍正下令按皇宫规制重新大修，于是扩建成了今天的规模。

孔庙内现存碑刻数量之多仅次于西安碑林，因此，它又有“我国第二碑林”之称，尤以汉魏六朝的碑刻称誉海内外，其中的汉代石碑数量居全国之首。当然，历代碑刻亦不乏珍品。

孔庙平面呈长方形，庙内共有九进院落，以南北为中轴，分左、中、右三路，纵长630米，横宽140米，有殿、堂、坛、阁460余间，门坊54座，“御碑亭”13座。

孔庙与北京故宫、河北承德避暑山庄合称为中国三大古建筑群，其现存规模仅次于北京故宫，堪称中国古代大型祠庙建筑的典范。它在中国甚至是世界建筑史上都占有着极其重要的地位。1961年国务院公布其为全国重点文物保护单位，1994年被联合国教科文组织列入世界文化遗产名录。

（二）碑刻、石刻

孔庙保存汉代以来历代碑刻1044块，都是历代帝王尊孔祭孔的见证。其中有封建皇帝追谥、加封、祭祀孔子和修建孔庙的记录，也有王侯将相、文人学士谒庙的诗文题记，所题文字有汉文、蒙文、满文等等，书体也是多种多样，

是研究封建社会政治、经济、文化和书法、碑刻艺术不可多得的珍贵资料。

孔庙有汉碑和汉代石刻二十余块，是中国保存汉代碑刻最多的地方。其中礼器碑、孔器碑、史晨碑等是汉时隶书的代表作，张猛龙碑、贾使君碑是魏体的楷模。此外还有孙师范、米芾、党怀英、赵孟頫、张起岩、李东阳、董其昌、翁方纲等人的书法，元好问、郭子敬等人的题名，孔继涑搜集历代书法家作品整理或临摹而成的大型书法丛帖——玉虹楼法帖（百一帖）等。

孔庙著名的石刻艺术品有汉画像石、明清雕镌石柱和明刻圣迹图等。汉画像石有九十余块，题材丰富广泛，既有对人们社会生活的记录，也有对历史故事、神话传说的描绘。雕刻技法多样，有浅刻、有浮雕。风格严谨精细，线条流畅，造型优美。其中，石雕的精品是浮雕龙柱，大成殿前檐十柱，每柱高达六米，极其难得。崇圣祠前面两柱，雕刻技巧可谓巧夺天工。另外圣时门、大成门、大成殿的浅浮雕云龙石陛也具有很高的艺术价值。圣迹图石刻共一百二十幅，是我国较早的大型连环画之一，它从《论语》《孟子》及《史记》中取材，生动地记录了孔子一生的行迹：从孔母在尼山祈祷、生下孔子直到孔子死后、弟子庐墓为止，具有很高的历史价值和艺术价值。

孔庙碑刻是中国古代碑刻、石刻艺术及古代书法艺术的宝库。

（三）建筑特色及特色建筑

孔子去世后，孔庙起初是以宅为庙，其功能也仅限于“藏孔子衣冠琴车书”。此后，经历代统治者的不断抬举，才逐步改变了宅庙的性质，使之成为官设庙堂，也成了封建统治者宣扬孔孟之道的工具。两千多年来，屡毁屡建。至清末民初，孔庙终于被营造成了一座世所罕见的具有丰富内涵和特殊意义的庞大建筑群。

孔庙由一百余座四百六十余间建筑组成，古建筑面积大约有 16000 平方米，分别建于金、元、明、清及民国时期。建筑风格为中国传统的古典式，雕梁画栋，琉璃瓦覆顶，飞檐斗拱。建筑布局为中轴对称式，布局严谨。整个孔庙的主要建筑沿中轴线

南北对称排列，向两侧均匀铺开；在空间布局上也是层次分明，主体建筑大成殿雄踞中央，周围建筑错落有致，前拱后卫。整个建筑群布局合理，疏密有致，气势恢弘。庭院中以古树来点缀，高耸挺拔的苍桧古柏间辟出一条幽深的甬道，既使人感到孔庙历史的悠久，又烘托出孔子思想的深奥。

孔庙的建筑既仿帝王宫殿之规制，又有着其特殊的思想内涵。其中供奉的孔子及其弟子、再传弟子及历代受儒家推崇和对儒学发展作出过贡献的先贤们，无不体现出儒家思想在封建社会中无可取代的地位。一座孔庙，也可以说是儒家思想在封建时代所处地位的物化象征。

孔庙是我国历代封建王朝祭祀春秋时期思想家、政治家、教育家孔子的庙宇，位于曲阜城中央。它是一组具有东方建筑特色、规模宏大、气势雄伟的古代建筑群。孔庙内最为著名的建筑有：棂星门、二门、奎文阁、杏坛、大成殿、寝殿、圣迹殿、诗礼堂等。孔庙内的圣迹殿、十三碑亭及大成殿东西两庑，陈列着大量碑碣石刻，是中华民族的宝贵财富。

1. 金声玉振

这是曲阜孔庙第一道坊——金声玉振坊。

孟子赞孔子，曾言道："孔子之谓集大成。集大成也者，金声而玉振之也。金声也者，始条理也；玉振之也者，终条理也。"以此表明孔子的思想集古圣先贤之大成。据此，后人把孔庙门前的第一座石刻牌坊命名为"金声玉振"，以此来纪念孔子在我国历史文化长河中所作出的巨大贡献。

此石坊由四根八角形石柱支撑，石鼓夹抱，柱顶上雕饰有莲花宝座，宝座上方各蹲踞一个雕刻古朴的独角怪兽"辟天邪"，也称"朝天吼"。两侧坊额浅雕云龙戏珠，明间坊额为"金声玉振"四个大字，笔力苍劲，为明嘉靖十七年（1538 年）著名书法家胡缵宗题写的。

石坊后面是一座单孔石拱桥，这就是泮桥。桥面是二龙戏珠的石阶，桥下清流呈半圆绕过，叫泮水。如今，只见泮桥不见水了。

泮桥后两侧各立有一幢石牌，上刻"官员人等至此下马"，人称"下马碑"。此碑立于金明昌二年（1191 年）。旧时文武官员、庶民百姓从此路过，必须下

马下轿，以示尊敬，就连皇帝祭祀孔子也要下辇前行，由此可见，孔庙在封建社会所处的地位是何等的崇高。

2. 棂星门

棂星门在泮水桥后，是孔庙的第一道大门。棂星，本来也称灵星，又称天田星。汉高祖刘邦为了百姓安乐，祈求风调雨顺，就命令把祭祀灵星作为祭天的头等大事。此后，儒家也把孔子与天相提并论，把祭祀孔子当作祭天一般来对待，尊孔如同尊天。于是就在孔庙设门“灵星”，用以祭祀孔子。后人见门的形状又好似窗棂，于是又改称“棂星门”。

棂星门始建于明代，原为木质结构，清乾隆十九年（1754 年）重修时改为石质，系四楹三间冲天柱式石坊。四根圆石柱中雕饰有祥云图案，顶上雕有怒目端坐的天将，左右接墙垣。坊高 10.34 米，前后石鼓夹抱。额坊上雕火焰宝珠，明间额坊由上下两层石板组成，上层刻绦环花纹，下层刻“棂星门”三个大字，此为清高宗乾隆皇帝亲笔题写。

棂星门里建有两座石坊，坊为汉白玉石所制。南为太和元气坊，建于明嘉靖二十三年（1544 年），形制与金声玉振坊相同，坊额题字系山东巡抚曾铣手书，其用意在于赞颂孔子思想如同天地生育万物一样。北为至圣庙坊，意思是孔子是空前绝后、至高无上的圣人，明代时原刻有“宣圣庙”三字，清雍正七年（1729 年）改为现在的名字。

3. 圣时门

圣时门，是进入孔庙的第二道门。此门为砖木结构，下部砖砌，始建于明永乐十三年（1415 年）。初时仅 3 间，明弘治年间重修时扩为 5 间，并设拱门。清代也有多次修缮，光绪二十三年（1897 年）得以大规模重修。现存圣时门，碧瓦覆顶，四面是深红的墙皮，门前御道设有石陛。从拱门内望，令人有高深莫测之感。

据载，孟子曾如此评价孔子：“孔子，圣之时者也。”意指在所有圣人之中，孔子是最适合时代潮流的人。据此，清世宗于雍正八年（1730 年）钦定孔庙此门为“圣时门”。

过圣时门，迎面三架拱桥纵跨，一水横穿，环水雕刻有玲珑的石栏。水为“壁水”，桥因之

称“壁水桥”。桥的两侧偏南各立有一道门，都是为方便人们拜庙而添建的。东门为“快睹门”，取先睹为快之意，形容人们拜谒孔子的急切心情；西门叫“仰高门”，取自颜回赞孔子语：“夫子之道，仰之弥高，钻之弥坚。”意思是孔子的思想、学问十分高深，是别人可望而不可即的。

4. 弘道门

位于壁水桥以北，是进入孔庙的第三道门。

明洪武十年（1377年）始建，初时仅3间，为孔庙的大门，永乐十三年后成为二门。明弘治十三年重建，扩成5间，石柱木构。清初命名“天阶门”，雍正八年清世宗据孔子“人能弘道，非道弘人”，钦定命名为“弘道门”，以此来赞扬孔子把前圣贤的思想发扬光大，高度阐释了尧舜禹汤和文武周公之道。乾隆十三年高宗为之题写匾额。现存建筑高9.92米，长17.28米，宽8.96米。阔5间，深2间，基本保持了清代的面貌。

弘道门下有石碑两块，东面一块为“曲阜县历代沿革志”，记载了曲阜的历史沿革，具有相当高的史料价值。西面一块为“处士王处先生墓表”，是1966年移入孔庙保管的，有一定的书法艺术价值。

5. 大中门

大中门，现为孔庙第四道门。大中门，原本也称“中和门”。中，取“中庸”之意，离开中者，就不是正道，意为用孔子的思想处理问题都可迎刃而解。它始建于金代大定年间，初仅3间。宋代以前此门一直为孔庙大门，明弘治十三年重修并扩建为5间。现存建筑高9.42米，长20.44米，宽7.49米，绿琉璃瓦覆顶，系清代所建，清乾隆帝御书门匾。

大中门左右两侧各有绿瓦角楼一座，系元至顺二年（1331年）所建，明清重建。角楼立在正方形的高台之上，台之内侧有马道可以上下。这两座角楼同庙北墙两端的角楼相对称，也可以供守卫之用。

6. 同文门

入大中门，迎面即为同文门。取“人同心，字同文”之意。另有一说，因孔子一生从事教育活动，晚年致力于讲学并整理我国古代文献工作，对我国文化的统一作出了重大贡献，故以“同文”命名。

此门始建于北宋初期，仅3间，为当时孔庙大门。金代成为二门。明代成化年间修建时扩为5间。清康熙年间名曰“参同门”，取孔子之德与天地参同之意。清雍正七年（1729年）改称“同文门”。现存同文门独立院中，两侧有回廊，左右与墙垣无粘连。高10.62米，长16.96米，宽9.34米，中间辟3门，单檐黄瓦歇山顶，七檩三柱分式木架。

此门属中国传统的宫殿式建筑，在主体建筑之前常有小型建筑作为屏障，以表示庄严，这是中国传统宫殿式建筑的特色。在此，同文门就担当着奎文阁的重要屏障。“同文门”三字为清高宗乾隆亲手题写。

7. 奎文阁

过同文门，即是孔庙的第五进院落。院北端一座高阁拔地而起，此即为奎文阁。它就是以藏书丰富、建筑独特而驰名中外的孔庙藏书楼。因其多收藏皇家所赐书、墨等，也曾被称为“御书楼”。

奎文阁为孔庙三大主体建筑之一，是历代帝王赐书、墨迹等的收藏之处。始建于宋天禧二年（1018年），始名“藏书楼”，当时仅重檐5间。金章宗在明昌二年（1191年）重修时更名“奎文阁”。明弘治十二年扩建为7间3檐。乾隆十三年高宗弘历题匾。

古代，奎星为二十八星宿之一，《孝经》称“奎主文章”。于是，古人把孔子比作天上的奎星，后代封建帝王为赞颂孔子，遂将孔庙藏书楼命名为奎文阁。

现存奎文阁，高23.35米，阔30.1米，深17.62米，黄瓦歇山顶，三重飞檐，四层斗拱。其独特而合理的构造，使得此建筑异常坚固，历经数百年风风雨雨的侵袭依然无恙。尤其是在康熙年间的大地震中，曲阜“人间房屋倾者九，存者一”，而此阁楼竟丝毫无损，真不愧为我国古代著名楼阁之一。更为有趣的是，成语中的“钩心斗角”一词竟然就出自此阁：奎文阁的一角飞檐纵伸到了邻近的碑亭的两重飞檐之间，即为“钩心”，另一角则恰与旁边一阁楼的飞檐紧挨着相对而出，即“斗角”，形象而生动。由此，足可以看出我国古代劳动人民的高超智慧。

奎文阁前置有两座御碑亭，共有四幢明代

御碑。每幢高 6 米多，宽 2 米多，碑下的龟趺高 1 米多。碑文内容多为对孔子的尊崇。

奎文阁东南露天的“重修孔子庙碑”为成化四年（1468 年）明宪宗朱见深所立，因此亦称“成化碑”。上刻碑文极力推崇孔子思想，“朕惟孔子之道，有天下者一日不可暂缺”。碑文字体端庄，结构严谨，以精湛的书法著称于世。

奎文阁廊下东、西各有一幢石碑，东为《奎文阁赋》，由明代著名诗人李东阳撰文，著名书法家乔宗书写。西为《奎文阁重置书籍记》，记载了明正德六年（1511 年）刘六、刘七率农民起义军攻占曲阜、占领孔庙，“秣马于庭，污书于池”，将奎文阁藏书“焚毁殆尽”以后，皇帝“又命礼部颁御书以赐”的情况。清代奎文阁中的藏书又有增添，清晚期将藏书移入孔府保存。

8. 斋宿所

奎文阁前东西两侧，有一座独立的院落，人称“斋宿所”。旧时，在祭祀孔子之前，所有的祭祀人员需斋戒沐浴，以此显示其虔诚之意。东院是“衍圣公”的斋宿所。清朝康熙、乾隆皇帝祭祀孔子时也曾在此沐浴，于是又称“驻跸”。嘉庆、同治时期均有重修，1959 年维修并施彩画。现存东斋宿已非明代结构，而是清代官式小型建筑，厅房均为七檩四柱前后廊式木架。西院是从祭官员的斋宿所，清代中期，此斋宿所已废，其中并无建筑物，仅存院落。清道光十八年（1838 年），孔子七十一代孙孔昭薰将孔庙内宋、金、元、明、清五代文人谒庙碑共一百三十余块集中镶嵌在院墙上，改称“碑院”。碑碣流畅奔放、飘逸自如、丰润温雅、神采飞动、端庄典雅、质朴古拙，具有很高的艺术价值。

9. 十三碑亭

过奎文阁，为孔庙的第六进庭院，即十三碑亭院。该院落内矗立着十三座碑亭，专为保存封建皇帝御制石碑而建，通称“御碑亭”。南八北五，呈东西两行排列，在空间上显得参差错落有致。各碑亭形制大同小异：平面呈方形，均为木构，黄琉璃瓦顶，重檐八角，檐牙高啄，彩绘斗拱。其中金代碑亭两座，呈正方形，约建于金明昌二年至六年（1191—1195 年）的大修工程中，是孔庙现存最早的建筑；元代碑亭两座，分别建于元大德六年（1302 年）和元至元五

年（1268年）；清代碑亭九座，分别建于康熙、雍正、乾隆年间。十三碑亭院两侧，东建有毓粹门，西建有观德门，专供人出入。于是，人们仿照皇宫之名，分别称其为东华门、西华门。

亭内现存碑55方，分别为唐、宋、金、元、明、清、民国年间所刻。各亭石碑多以似龟非龟的动物为趺，据说这种神物能负重，寓意为长久。碑文内容大多是皇帝对孔子追谥加封、拜庙亲祭、派官致祭和整修庙宇的记录，分别由汉文、蒙古文、满文等文字刻写。其中，最古老的是两座唐碑，一是唐高宗总章元年（668年）的“大唐诰赠泰师鲁先圣孔宣尼碑”，一是唐玄宗开元七年（719年）的“鲁孔夫子庙碑”，这两座皆位于南排东起第六座金代碑亭中。最大的一座是清康熙二十五年（1686年）所立的“修建阙里孔庙碑”，这块碑重约35吨，加上碑座的龟趺及水盘，重约65吨。据说，康熙皇帝为显示对孔子的敬重，刻意从北京的西山采来这块巨石。在当时的技术条件下，能将此碑安然运抵相距千里的曲阜，不能不令人称奇，也足见封建帝王对儒学的推崇之意。

另外，十三碑亭院的东南、西南部，各有一片碑碣。北墙朱栏内还镶着大量刻石，均为历代帝王大臣们修庙、谒庙、祭庙后所刻，真草隶篆，各有千秋，具备一定的艺术价值。

10. 大成门

此为孔庙第七道门，曾叫“仪门”，又称之为“戟门”。取自孟子语：“孔子之谓集大成。”赞颂孔子达到了集古圣先贤之大成的至高境界。

自北宋至清代，大成门多次毁于大火，又经多次重修、改建。现存建筑为清雍正年间改建，高13.53米，长24.68米，宽11.2米，单檐黄瓦歇山顶，七檩三柱分心式木架，彩绘斗拱，擎檐为石柱。大成门台基高1.65米，石须弥座，其上所刻卷草和云纹俱构图匀称，线条柔和。门前后各有六级台阶，中用石陛，浅浮雕云龙山水，雕刻亦非常精美。大成门石陛两侧掖门各3间，有廊与两庑连檐，既突出了大成门作为正门的地位，同时又使其看起来不至于太单调，设计非常巧妙。大成门是孔庙建筑组群中最华丽的，窗棂、斗拱、狮座等木作，都十分细致精巧。但其门柱却不像一般庙宇般刻写对联，据说是因恐被讥为在“夫子面前卖文章”。

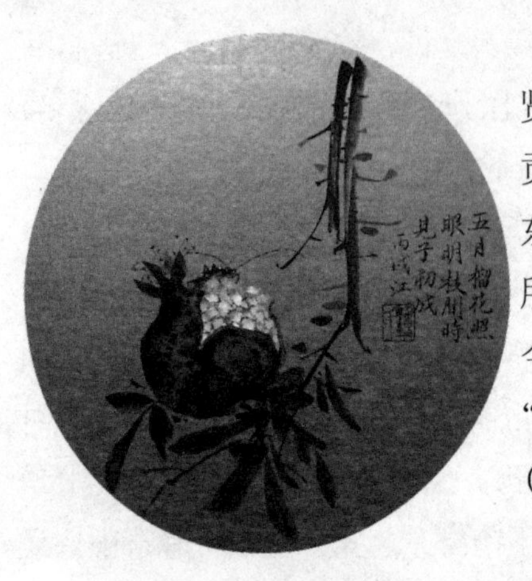

大成门的左、右两厢分别为名宦祠、乡贤祠，用以纪念对当地历史文化发展有重大贡献的官员、贤者、名士等。大成门内石陛东侧有手植桧，高达16米，相传为孔子亲手所植（此手植桧曾毁于康熙年间的一次大火，今存桧树，为清雍正年间复生）。树旁立有“先师手植桧”石碑一方，系明万历二十八年（1600年）杨光训所题。

11. 杏坛

杏坛位于大成殿前面，专为纪念孔子办学设教而建造的纪念物。相传此地为孔子曾经讲学之处。

宋时，孔子第四十五代孙孔道辅增修祖庙，“以讲堂旧基甃石为坛，环植以杏，取杏坛之名名之”。由此可见，“杏坛”实际是指“孔子讲学的地方”，现在也多指教书育人的地方。

杏坛为金代始建，元至元四年（1267年）重修，现存建筑为明隆庆年间修建。高12.05米，阔7.34米，平面呈正方形，四面敞开，每面3间。杏坛四周围以朱栏，四面歇山，十字结脊，黄瓦重檐。亭内细雕藻井，彩绘金龙，其中还有清乾隆“杏坛赞”御碑。可见其规格很高。

坛前置有精雕石刻香炉，高约一米，古色古香，为金代遗物。

12. 两庑

“两庑”，是指位于大成殿殿庭东西两侧的房子，是后世供奉先贤先儒的地方。两庑供奉孔子弟子及历代先贤先儒共156人。具有这配享资格的贤儒们大都是孔子弟子及后世历代儒家学派中的著名人士，如董仲舒、韩愈、王阳明等等。现今，两庑中还陈列有历代石刻。

唐代孔庙已有两庑，当时仅奉20余人，经过历代增添变更，到民国时，已多达156人。供奉在此的最初为画像，金代明昌二年改两庑画像为塑像，明成化年间一律改为署有名字的木制牌位，供奉在一座座神龛中。

现存“两庑”为清雍正年间重建，当是依循明弘治年间的规制，两庑连同转角掖门共100间，每侧正面均为40间，长170米。木架用七檩四柱前后廊式，屋顶用绿色琉璃瓦，以黄色琉璃剪边，是殿庭院落中规格最低的建筑。

如今，东庑中还保存有40余方汉、魏、隋、唐、宋、元时的碑刻，最为珍贵的是其中的22方“汉魏北朝石刻”。西汉石刻，首推“五凤”；东汉石刻，以“礼器”“乙瑛”“孔宙”“史晨”碑为隶书珍品；北朝以“张猛龙”碑为魏体楷模。西庑内陈列的100多方“汉画像石刻”，也是久负盛名的艺术珍品。这些石刻内容丰富，既有神话传说中的青龙、白虎、朱雀、玄武神兽，也有反映当时社会的耕作、捕捞、歌舞、杂技、行医、狩猎等日常生活的作品，是研究我国汉代社会生活的珍贵史料。

东、西两庑北端陈列“玉虹楼法帖石刻”，共刻石584块，是清乾隆年间孔子后裔孔继涑搜集了历代著名书法家的手迹整理、临摹及精刻而成的。这些石刻原被弃置在曲阜“十二府”的玉虹楼下，故名“玉虹楼法帖石刻”，拓片装订为101册，即称“玉虹楼法帖”或“百一帖”，1951年移入孔庙，1964年装镶展出，供书法爱好者欣赏。石刻的技法，有的细致精巧，有的粗犷奔放，各具特色，各有千秋，可称得上是一笔价值不菲的财富。

13. 大成殿

大成殿位于杏坛的北面，是孔庙的正殿、核心，也是孔庙中的主体建筑。大成殿和故宫太和殿、岱庙天贶殿并称为东方三大殿。据说，这大成殿的建筑规格甚至超过了故宫太和殿。

大成殿始建于唐代，因孔子曾被封为文宣王，故又称文宣王殿，共有5间。宋天禧五年（1021年）大修时，移至现址并扩大为7间。宋崇宁三年（1104年）徽宗赵佶取《孟子》的“孔子之谓集大成”语义，下诏更名为“大成殿”。现存大成殿为清雍正二年（1724年）重建。殿高24.8米，长45.69米，宽24.85米，坐落在2.1米高的殿基上，双重飞檐正中海蓝色的竖匾上刻清雍正皇帝御书“大成殿”三个贴金大字，为全庙最高建筑。

瓦色、开间、彩画均采用最高规格。重檐九脊，黄瓦覆顶，金龙和玺彩画，雕梁画栋，殿基须弥座，重层石阶，两层栏杆。大殿木构架结构简洁整齐，柱网由外、中、里三圈柱列构成，外圈环绕为廊，共立有28根石檐柱，高6米，直径0.8米；中圈为16根木金柱，高15米；内圈为16根木金柱，高18米。其中，外圈所立28根石柱，均以整石刻成。前

檐的10根为高浮雕，每柱两龙对翔，盘绕升腾，中刻宝珠，四绕云焰，柱脚缀以山石，衬以波涛。两山及后檐的18根八棱磨浅雕石柱，以云龙为饰，每面浅刻9条团龙，每柱72条，共1296条。

图案造型优美，刀法刚劲有力，雕刻玲珑剔透，是我国独有的石刻艺术瑰宝。相传清乾隆皇帝来曲阜祭祀孔子时，石柱均以红绫包裹，不敢被皇帝看到，生恐皇帝会因其规制超越皇宫而降罪。

大殿正中，供奉有孔子塑像，坐高3.35米，头戴十二旒冠冕，身穿十二章王服，手捧镇圭，一如古代天子礼制。两侧为四配，东位西向的是颜回和孔伋，西位东向的是曾参和孟轲。再外为十二哲，东位西向的是闵损、冉雍、端木赐、仲由、卜商、有若，西位东向的是冉耕、宰予、冉求、言偃、颛孙师、朱熹。四配塑像坐高2.6米，十二哲塑像坐高2米，均头戴九旒冠，身穿九章服，手执躬圭，一如古代上公礼制。塑像都放置于木制贴金神龛内。孔子像单龛，施十三踩斗拱，龛前两柱各雕一条降龙，绕柱盘旋，栩栩如生，雕工细腻，异常精美。四配十二哲两位一龛，各施九踩斗拱，龛前都有供桌、香案，摆满祭祀时使用的礼器。殿内还陈列着祭祀孔子时所用的乐器和舞具。殿外悬有10块匾额、3副对联，正中是清雍正皇帝所题的“生民未有”匾额，殿内正中是康熙皇帝所题的“万世师表”和光绪皇帝题农牧民的“斯文在兹”匾额，南面悬挂着乾隆皇帝题书的“时中立极”等匾额。每块匾额长6米多，高约2.6米，雕龙贴金，精美华丽。

大成殿的建筑艺术，显示了我国劳动人民的才华和智慧，是中华民族的宝贵财富。

14. 寝殿

孔庙有三大建筑，分别为大成殿、奎文阁及寝殿。寝殿位于大成殿后面，是供奉孔子夫人亓官氏的专祠。

寝殿，始建于唐代，早期曾有塑像，现存建筑为清雍正八年（1730年）重建。采用木石混合结构，面阔7间，深4间，间金妆绘，枋檩游龙和藻井团凤均由金箔贴成，回廊22根擎檐石柱浅刻凤凰牡丹，一如皇后宫室规制。殿内神龛木雕游龙戏凤，精美异常，龛内有木牌，上书“至圣先师夫人神位”，龛前置供桌。

亓官氏，也有的作并官氏，宋国人，鲁昭公九年(公元前 533 年)嫁与孔子，鲁哀公十年(公元前 485 年)去世。关于她的情况古籍记载很少，直到大中祥符元年（1008 年），才被宋真宗赵恒追封为“郓国夫人”，元至顺三年（1332 年）又被加封为“大成至圣文宣王夫人”，明嘉靖八年（1529 年）孔子改称“至圣先师”，她也被称为“至圣先师夫人”。她又被儒家后世尊为“圣母”。孔子死后，“即孔子所居之堂为庙”，亓官氏才得以同孔子一起被祭祀。

15. 圣迹殿

位于寝殿之后，独成一院，是孔庙第九进院落，也是最后一进。此殿系明万历二十年（1592 年）巡按御史何出光主持修建的。清康熙、雍正、乾隆、嘉庆、同治年间均有维修。

殿高 12.55 米，长 30.69 米，宽 10.12 米，单檐绿瓦歇山顶。修建圣迹殿的目的就是为了保存《圣迹图》。圣迹图石刻，每幅宽约 38 厘米，长 60 厘米，嵌在殿内壁上，共有 120 幅之多。《圣迹图》，其实是一部以编年为顺序，介绍孔子生平事迹的连环画。其中所采集的孔子故事，题材多来源于《论语》《孟子》及《史记》这几部书。它所记录的“圣迹”从颜母在尼山祈祷生下孔子，到孔子死后弟子庐墓为止，并附有汉高祖刘邦、宋真宗赵恒以太牢祀孔子两幅画，是我国第一本内容丰富，具有完整人物故事的传记式石刻连环画，具有很高的历史价值和艺术价值。

除此之外，圣迹殿内现存有“万世师表”石刻，是清康熙皇帝手书。字下正中为唐代大画家吴道子著名的“孔子为鲁司寇像”，左边是晋代名画家顾恺之所绘的“先圣画像”，习称“夫子小影”，据说“小影”在孔子像中最接近孔子原貌。殿内还有宋代书法家米芾篆书的“大哉孔子赞”，还有清康熙、乾隆皇帝的御制碑。

（四）全国各地的孔庙

孔庙也称文庙，是中国古代用于祭祀孔子和推广儒家教化而兴建的重要礼制性建筑，几乎遍布全国各地。据史料记载，明代时，全国就有府、州、县三级文庙约 1560 座，清

代则增至1800余座。目前，海外一些国家和地区也出现了很多纪念孔子的孔庙（或文庙）。

除山东曲阜的孔庙外，我国还有其他许多著名的孔庙（或文庙）：如北京孔庙、浙江衢州孔庙、云南建水文庙、南京夫子庙、天津文庙、福州文庙、泉州文庙、广东德庆文庙、四川德阳文庙等等。

1. 北京孔庙

北京孔庙，又名“先师庙”，位于北京东城区国子监街。始建于元成宗大德六年（1302年），大德十年（1306年）完工。依据旧时“左庙右学”的礼制，接着在孔庙西侧建国子监（也称太学）。明永乐九年（1411年）重建并修缮了大成殿。此后，明宣德、嘉靖、万历年间分别对其进行整治、修复，并增建了崇圣祠。清顺治、雍正、乾隆时又有重修，尤其是乾隆二年（1737年）皇帝亲谕孔庙使用最高贵的黄琉璃瓦顶，只有崇圣祠仍用绿琉璃瓦顶。此时，北京孔庙已显出它的与众不同了。光绪三十二年（1906年）升祭祀孔子为大祀，孔庙再次得以大规模地修缮，此次工程一直延续到民国五年（1916年）才最后竣工。至此，才有了今天的规模和格局。

此庙规模宏伟，占地约2.2万平方米，成为仅次于山东曲阜孔庙的全国第二大孔庙。此庙内的主体建筑都覆以黄色琉璃瓦，是封建社会的最高建筑规制，现存房屋280余间。历史上虽然屡经重修、改建，但其结构基本上仍然保持元代风格。整座孔庙分前后三进院落，采用了主体建筑沿中轴线分布，左右对称的中国传统建筑布局。中轴线上的建筑依次为先师门、大成门、大成殿、崇圣门及崇圣祠。

此庙历经七百多年的历史文化积淀，遗留下来众多珍贵的文物，成为研究孔子儒学和中国古代科举的重要史料和实物。在孔庙的第一进院落现存有198方进士题名碑，这些题名碑上刻着元、明、清三代各科进士的姓名、籍贯等，共计51624人。其中有很多是我们熟知的，如于谦、严嵩、纪昀、刘墉及近代名人刘春霖、沈钧儒等。这些碑刻是研究中国古代科举制度的重要文献资料。另外，在孔庙与国子监（即太学，古时的皇家大学）之间的夹道内，有一处由

189座高大石碑组成的碑林。石碑上篆刻着儒家经典：《周易》《尚书》《诗经》《周礼》《仪礼》《礼记》《春秋左传》《春秋公羊传》《春秋穀梁传》《论语》《孝经》《孟子》《尔雅》等，因此也称为“十三经石碑”，是康熙年间江苏金坛贡生蒋衡手书，历时12年，共63万字。再加上康熙御书的“大学碑”共190块。原立于国子监六堂，1956年移置此处。这些石碑都是研究孔子儒学的珍贵史料。

此庙内另有一独特的人文景观——辨奸柏，也称之为“触奸柏”，是孔庙内最大的一棵柏树。据说是元代国子监祭酒许衡所植，已有近七百年的历史，至今仍繁枝盘错，挺拔苍翠。相传，明朝奸相严嵩代嘉靖皇帝祭孔时，行至树下，树枝揭掉了他的乌纱帽，人们便认为这株柏树有灵性，能够辨别忠奸与善恶。

北京孔庙自1928年起对外开放。中华人民共和国成立后，被列为市级文物保护单位，后为首都博物馆。

2. 天津蓟县文庙

文庙位于天津市蓟县城关镇西北方，坐落在县城鼓楼北大街西侧，占地两千余平方米。现存主体建筑大成殿、东西庑、戟门、泮池、登瀛桥、棂星门、名宦祠和乡贤祠等建筑。属县级文物保护单位。

蓟县的文庙始建于隋，金天会、正隆年间对文庙进行了修缮，现存有当时的《重修宣圣庙碑记》。明朝时，文庙有大成殿、东西庑、棂星门、戟门等建筑及设施。明洪武、成化、嘉靖年间多次对其进行整修。到了清朝，历任知州又屡次重修和增建。重修了大成殿、戟门、棂星门和东西庑，增建了照壁、泮池、登瀛桥、名宦祠、乡贤祠、启圣祠、节孝祠、尊经阁等建筑。民国期间，又整修大成殿、东西庑和棂星门。

蓟县文庙现存主体建筑为大成殿。面阔五间，前后出廊，用七檩。顶部为硬山筒瓦，台基为条石垒砌。殿前有月台，是祭祀孔子的场所。台前石阶、甬路与戟门相接。戟门面阔三间，用五檩；顶部硬山筒瓦；台基石料均为大青石。东西两庑台基与月台高度一致，各五间，前出廊用六檩，硬山合瓦。大成殿、东西庑与戟门构成四合院。

戟门东侧有名宦祠，面阔三间，墙壁上镶有赵孟頫书《醉翁亭记》碑。西侧为乡贤祠，戟门前有泮池，池上有并排石拱桥三座，称登瀛桥。泮池前有棂星门，石质、四柱三门。

蓟县人杰地灵，相传上古之广成子修炼于城北崆峒山，黄帝曾两次问道于此。汉初韩信的谋士蒯彻，三国时隐士田畴均出自蓟县。隋唐开科取士以来，蓟县更是人文荟萃，有五代“教五子，名俱扬”的窦燕山，有“半部《论语》治天下”的宋代第一宰相赵普。在明、清《蓟州志》中，列入进士、举人、贡生、监生名录的人数达785人。至今，在蓟县城中的魁星楼、文昌宫、学宫、书院、考棚、进士牌楼等旧名遗迹及文物建筑，无不反映了古代蓟县人民尊儒奉孔之风尚。

3. 四川德阳文庙

德阳文庙是中国西部地区保存最为完整、规模宏大又具有浓郁地方特色的文庙，素有“德阳文庙甲西川”之称，2001年6月被我国国务院公布为全国重点文物保护单位。

德阳文庙始建于南宋。明洪武元年（1368年）改建于现址。经成化、弘治、万历年间的多次修葺，已有宫墙、棂星门、大成门、大成殿（三楹）、崇圣祠（三楹）、东西庑（各三楹）、节孝祠、孝子祠、乡贤祠、名宦祠、名伦堂等建筑。明末毁于兵灾。清顺治十八年（1661年）重建，康熙、乾隆、嘉庆年间又进行过多次修建和修葺。清道光二十八年至咸丰五年（1848—1855年）又进行了大规模的修葺，现存建筑为清道光年间的格局。

德阳文庙占地面积20800平方米，有古建筑20余处。文庙坐北朝南，三进四合院、中轴对称布局。建筑布局以大成殿为中心，南北成一条中轴线，左右对称排列，由南向北中轴线依次为：万仞宫墙（照壁）、棂星门、泮池、泮桥、戟门（大成门）、礼乐亭、大成殿、启圣殿。两侧有“道冠古今”“德配天地”东西庑、东西御碑亭、东西配殿等。庙前为文庙广场，庙北有后花园。

德阳文庙主体建筑大成殿坐落在文庙中院，整个建筑雄伟、庄严、华丽，是文庙庭院中建筑最高、规模最大的古建筑。它建于清道光三十年（1850年），面阔7间，进深4间，通高21米，为重檐歇山式屋顶，屋面系黄色琉璃瓦覆盖，正脊饰以飞龙，中间置宝顶。殿内有孔子、四配、十二哲塑像和祭孔祭器、

礼器、乐器等。殿前有宽阔的祭台，可观赏场面盛大、古朴典雅的仿古祭孔乐舞。1990年以来，德阳文庙按照清代格局和礼制恢复了祭孔乐舞表演。

德阳文庙以其宏大的规模、完整的建筑群、严谨的布局，成为我国西部地区文庙的代表性建筑。四个礼乐亭位于大成门与大成殿之间的中轴线两侧，排列在一条线上，内侧两座为重檐六角亭，外侧两座为重檐四方六角亭，造型各异，别具风格，在全国文庙中是独一无二的。棂星门为八柱五间冲天柱式石牌坊，造型别致，雕刻精美，是南方文庙石刻棂星门中的精品。“德配天地”“道冠古今”坊为砖式重檐坊，具有南方建筑风格，这与国内地县文庙中普通的木坊相比，独具地方特色。文庙后花园保存完好，这在文庙中也是极为罕见的。

4. 广州德庆文庙

此庙位于岭南西江之滨的德庆县城，也称“德庆学宫”，是现今的全国重点文物保护单位。它是历史上德庆府的地方官学，是祭祀孔子和教学的场所，故学宫又称孔庙。元、明、清三朝屡次对其进行重修、改建。

德庆文庙形制甚备，今已形成的格局分东、中、西三路，其建筑规模极为宏伟，占地面积达8000余平方米。在长达约144米的南北中轴线上，由南向北组成一个长方形阵势的建筑群体。中路有棂星门、泮池、大成门、东西庑、杏坛、大成殿、崇圣殿、尊经阁，东路有明伦堂、萃秀堂、魁星阁等，西路由尊圣义祠等建筑物组成。

文庙主体建筑为大成殿，其规模雄伟。重檐灰瓦歇山顶，面阔、进深各5间，平面呈正方形，面积304.3平方米，殿高19.4米，保留着宋元时期木构建筑的风格和特点。殿脊灰塑，造型简朴。殿内梁柱结构，为元代重建时的原物。明间四根木质金柱不到殿顶，以12组斗拱承托平棋，起抬梁作用，成“四柱不顶”之势。殿内梁架左右两侧重檐下，均采用大丁伏结构，各省去中间两柱，这种架构为国内仅见。此殿是我国宋、元木构建筑不可多得的实例，对研究南方宋、元木构建筑和艺术有重要价值，被誉为“国之瑰宝”“古建瑰宝”。

德庆学宫，于1962年7月被广东省人民委员会公布为第一批省级文物保护单位。1996年11月，被中华人民共和国国务院公布为第四批全国重点文物保护单位。

四、孔林

（一）简介

孔林，又称至圣林，位于曲阜城北约两公里处，是孔子及其家族的专用墓地，也是目前世界上历时最久、规模最大、保存最为完整的一处氏族墓葬群和人工园林。因此，也有“天下第一林”之称。

自公元前479年孔子葬于此地后，两千多年来其后裔接冢而葬，至今孔林内坟冢已达十万余座。不少墓前建有墓碑、墓表，有些建享殿、立石坊、置石碣等。此地的墓碑除去一批著名的汉代石碑被移入孔庙外，目前尚存有李东阳、严嵩、翁方纲、何绍基、康有为等历代大书法家的亲笔题碑，故而孔林又有“碑林”的美名，堪称碑刻艺术及书法艺术的宝库。

孔林周围筑有围墙，整个林墙长达七千多米，墙高三米多，墙厚约五米。林墙全部用灰砖砌成，占地三千余亩。墙内古树参天，枝繁叶茂。“墓古千年在，林深五月寒”，自子贡为孔子庐墓植树起，孔林内现已有树十万多株。相传孔子死后，“弟子各以四方奇木来植，故多异树，鲁人世世代代无能名者”。孔林内的一些古树，直到今天人们仍叫不出它们的名字。其中柏、桧、柞、榆、槐、楷、朴、枫、杨、柳、樱花等树种，盘根错节；野菊、半夏、柴胡、太子参、灵芝等数百种植物，也在相应的季节显得生机无限。拥有如此丰富的林木资源，孔林不愧是一座天然的植物园。

这里既可考证春秋、秦汉之墓葬，又对研究我国历代政治、经济、文化的发展和丧葬风俗的演变有着不可替代的作用。郭沫若曾说：“这是一个很好的自然博物馆，也是孔氏家族的一部编年史。”

为保护孔林，1961年国务院公布其为第一批全国重点文物保护单位。1994

年 12 月，孔林被联合国教科文组织列入世界文化遗产名录。

（二）特色景观

孔林历经两千多年，丧葬从未间歇，至今林内墓冢遍地皆是，碑碣林立，石碣成群。又有万古长春坊、至圣林坊、孔子墓、享殿、楷亭、驻跸亭等胜迹，是现代人瞻仰古圣人的处所，同时也是游览的好去处。

1. 孔子墓

位于孔林中偏南地段、享殿之后，是孔林的中心所在。孔子死后，弟子葬师时墓而不坟，到秦汉时才将坟筑起。现存孔子墓，四周环以红色垣墙，周长里许。封土东西 30 米，南北 28 米，墓高 5 米余，像隆起的马背，故又称马鬣封，是特殊而尊贵的筑墓方式。

墓前一大一小两块石碑。前面大碑篆书“大成至圣文宣王墓”，为明正统八年（1443 年）黄养正所题。后面小碑篆书“宣圣墓”三个字，立于 1244 年。

墓前有一石台，最初为汉代修砌，唐代时改为泰山运来的封禅石筑砌，清乾隆时又得以扩大。碑前有石供案、下酒池和石砌拜台以及砖砌花棂围墙等。

孔子墓东侧为其子“泗水侯”孔鲤墓葬，南侧为其孙“沂国述圣公”孔伋（子思）墓葬。这种特殊的墓地格局在古代称之为“携子抱孙”，源于古代俗话“怀子抱孙，世代出功勋”“子在父怀，富贵永远来”的说法。

墓东南有北宋赵恒、清康熙、乾隆等三帝跸亭各一座。

可惜的是孔子墓后来被毁，未能保留至今。

2. 孔林神道（林道）

孔林中神道两端分别连接着曲阜城北门与孔林大门(即大林门)，长达 1266 米，宽 44 米，两旁桧柏夹道，龙干虬枝，平直如矢，显得庄严肃穆。这些树木多为宋、元时期所植。林道中第一座高大建筑即为“万古长春”牌坊，其尽头为“至圣林”木构牌坊。由此往北是二林门，为一座城堡式的建筑，亦称“观楼”。

3. 万古长春坊

位于孔林的林道上的第一道高大牌坊，始建

于万历二十二年（1594 年），是神道中最重要的纪念性建筑物，也是曲阜现存最大的石坊。

此坊为石质结构，六柱五间五楼，其支撑的 6 根石柱上，两面蹲踞着 12 个神态不同的石狮子。牌坊长 22.71 米，宽 7.96 米。坊上雕有盘龙、舞凤、麒麟、骏马、祥云等精美纹饰，旁配二龙戏珠纹饰。庑殿顶坊中的“万古长春”四字，为初建时所题刻。清雍正年间重修加固后，又在坊上刻了“清雍正十年七月奉敕重修”的字样。整个石坊气势宏伟，造型优美。

万古长春坊两侧各有绿瓦方亭一座，亭内各立一大碑。东为“大成至圣先师孔子神道”，西为“阙里重修林庙碑”。两碑均为明万历年间官僚郑汝璧及连标等立，甚是高大，碑头有精雕花纹，碑下有形态生动的碑趺。

4. 至圣林坊

位于万古长春坊北面，这就是孔林的大门。始建于明代中期，清康熙年间重修。坊为木质结构，四柱三间三楼，以绿瓦覆顶。坊长 11.35 米，宽 4.4 米，坊明间花板上雕“至圣林”三字。坊前有明崇祯七年（1634 年）雕镌的石狮一对。

5. 洙水河、洙水桥

洙水河位于孔林二门内，因流经孔子墓前，与“圣脉”攸关，故被后世誉为“灵源无穷，宜与天地共长久”的“圣水”。洙水原本是古代的一条河流，与泗水并称为“洙泗”，后来成为孟子发祥地的代称。

如今古洙水早已不在，只存河上三座石桥，中间的一座拱桥位于孔子墓前，名曰“洙水桥”。长 6.6 米，宽 25.24 米，桥面拱起。始建年代不详，明弘治七年（1494 年）增设栏杆。左右两小桥建于明弘治七年，为平型桥，习称“东平桥”“西平桥”，均有石栏。

桥前建冲天柱式石坊一座。坊四柱三间，明间坊额雕“洙水桥”三字。另两间刻二龙戏珠。四柱均为八棱形，顶各立蹲兽。西次间的石坊和屋脊于 1951 年修复时新补，边柱与石兽已更换。坊建于明嘉靖二年（1523 年），清雍正十年（1732 年）重修。

6.享殿

洙水桥北，先是一座绿瓦三楹的高台大门——挡墓门。位于挡墓门后、孔

子墓前的就是享殿，这里是供奉孔子摆香案的地方。整个建筑也是采用中国古代传统的建筑风格，五间九檩歇山黄瓦顶，前后廊式木架，檐下用重昂五踩斗拱。长 24.18 米，宽 13.18 米。明弘治七年（1494 年）始建，明万历二十二年（1594 年）、清雍正九年（1731 年）、1977 年重建。殿内现存清帝弘历手书“谒孔林酹酒碑”。

享殿前的甬道旁，有四对石雕，名为华表、文豹、角端、翁仲。华表系墓前的石柱，又称望柱；文豹，形象似豹，腋下喷火，用以守墓；角端，也是一种神话中的怪兽，传说可日行一万八千里，通四方语言，知人所不能知之事；翁仲，石人像，传为秦代骁将，威震边塞，后为对称，雕文、武两像，均称翁仲，用以守墓。两对石兽为宋宣和年间所刻，翁仲是清雍正年间刻制的，文者执笏，武者按剑。

7. 于氏坊

除孔子墓外，孔林中最气派、墓饰规格最高的，要数其中唯一的一座女性牌坊——于氏坊。墓前高大的木制牌坊上书“容音褒德”。

这位于氏夫人是乾隆皇帝的女儿。相传，乾隆女儿脸上有黑痣，算命先生说：“她须嫁有福之人才可免去灾祸。”朝中议定：圣人后代最为妥当。因当时满汉不通婚，皇帝便将女儿过继给协办大学士兼户部尚书于敏中，又以子女名义下嫁给孔子第七十二代孙衍圣公孔宪培。此坊为纪念于氏而立。

8. 孔令贻墓

位于孔林东北部林路东侧。封土东西 13 米，南北 9 米，高 2.8 米，为一中型坟冢。墓冢因为没有过多的装饰，显得很朴素。墓石碑篆书“孔子七十六代孙袭封衍圣公墓燕庭先生之墓”。碑雕麦穗额、龙边，前设石雕供案、石鼎、帛池、酒池各一件。

9. 孔尚任墓

位于孔林东北部，清雍正十三年（1735 年）四月立石。距孔林北墙约 150 米，封土东西 8.43 米，南北 7.7 米，高 3.13 米，为一中型坟冢。墓前石碑雕二龙戏珠图案，墓碑上书“奉直大夫户部广东清吏司员外郎东塘

先生之墓”，即是孔尚任墓。墓前有石供案。

孔尚任(1648—1718 年)，孔子第六十四代孙，字聘之，号东塘，自称云亭山人，是我国清初著名剧作家，其代表作是《桃花扇》。他出生书香门第，因屡试不第，中年隐居曲阜石门山。康熙二十三年(1684 年)，康熙皇帝来曲阜祭孔时，他被孔府推荐为引驾官，并给皇帝讲经，深得褒奖，破格提升为国子监博士。赴京任职期间曾到淮扬一带治河，通过吊古迹，访隐士，搜集野史逸闻，对南明王朝的覆灭经过有了深切的感受。回京后曾任户部主事、员外郎等职。闲暇时段致力于戏曲创作。1699 年，其昆曲名剧《桃花扇》脱稿。王公显贵争相传抄，戏班竞相演唱，一时轰动京城。该剧以名士侯方域与名妓李香君的爱情故事为主线，广泛而深刻地反映了南明王朝灭亡的历史。次年孔尚任却被罢官。他一生著述甚丰，另有诗文《石门山集》《湖海集》《岸堂文集》等。

10. 子贡庐墓处

子贡庐墓处，位于孔子墓西边，为纪念子贡庐墓而建。明嘉靖二年（1523 年）建，清康熙年间重修。房屋共 3 间，长 9.7 米，宽 5.42 米，面向东方，五檩硬山灰瓦顶。房屋左前方立一石碑，上书“子贡庐墓处”。子贡，复姓端木，名赐，字子贡，是孔子最得意的门生之一，也是孔子弟子中最善于经商的。

据《史记》记载，孔子死后，弟子皆建庐守墓，服丧三年。三年期满，众弟子相继离去，只有子贡为感念师恩，在此又独自加守三年。后人为纪念此事，也为宣扬尊师之道，特在此建屋三间，立碑一方。此即为“子贡庐墓处”。

11. 子贡手植楷

享殿之后，有一座灰瓦攒尖顶的方亭，称“楷亭”。亭内置一石碑，上刻一棵古老的楷树，即摹自其南侧的“子贡手植楷”。相传子贡为孔子“结庐守墓”，一守就是六年。其间，他将南方稀有珍木楷树移植于其师墓旁，以寄托他对老师的一片真情。楷树木质坚韧，树干挺直，以此来象征孔子为人师表，天下楷模。可惜在清康熙年间遭雷火焚毁，如今只剩残骸。

（三）相关资料

1. 扩建历史

孔林，作为孔子及其后裔的专用墓地，两千多年来，孔子的嫡系子孙在此“接冢而葬”，如今已至 76 代，旁系子孙已至 79 代。随着孔子地位在社会上的不断提升，历代封建帝王不断对孔林进行赐田、重修、维护，孔林的规模从而得以不断扩大。据统计，自汉代以来，历代对孔林的重修、增修共有 13 次之多。这才使得其从最初的“墓而不坟”（无高土隆起）至“地不过一顷”，再到今天的宏大规模。

孔子卒于鲁哀公十六年(公元前 479 年)四月，弟子们将其葬于曲阜城北泗水之上，但那时还只是“墓而不坟”。到了秦汉时期，虽将坟地进行了重修、扩建，但仍只有少量的墓地和几家守林人。东汉桓帝永寿三年（157 年），整修孔墓，在墓前增建了一间神门，一间斋宿。此时，孔林已初具规模，“地不过一顷”。宋代宣和年间，在孔子墓前修造石碣。元文宗至顺二年（1331 年），孔思凯主修了林墙，构筑了林门。明万历二十二年(1594 年)，巡按连标、巡抚郑汝璧除修葺享殿斋室外，又在大林门之南神道上添建“万古长春”石坊和两侧碑亭。明洪武十年（1377 年）将孔林扩建为 3000 亩的规模。清代雍正八年（1730 年），再次大修孔林，据记载，共耗费官银 25300 两，重修了各种门坊，并派专人守卫。此时，孔林始成今天的规模，面积已达 2 平方公里。

此外，历代在孔林增植树木和扩充林地多次。

2. 文化遗产

“断碑深树里，无路可寻看”，在万木掩映的孔林中，碑石如林，石碣成群，除一批著名的汉碑移入孔庙外，林内尚存有李东阳、严嵩、翁方纲、何绍基、康有为等明清书法名家亲笔题写的墓碑。因此，孔林又称得上是名副其实的碑林。

3. 典故——洙水河、洙水桥

相传，孔子在 73 岁那年，预感到自己天命已尽，将不久于人世，在哀叹

"太山坏乎！梁柱摧乎！哲人萎乎"之余，决定带领弟子出去勘选墓地，最终选定了曲阜城北的泗水河之滨，圈下了一块占地18亩的墓地。子路提出："此处风脉虽好，可前面还缺条河。"孔子说："不必忙，自有秦人来挖河。"孔子长逝之后，过了二百六十多年，秦始皇焚书坑儒。有人建议说："要想让儒学消亡，应当先破坏孔子坟墓的风水。孔林里没有河，如果在孔子墓前挖一道河，将他和阙里故宅隔断，孔子就不能显圣了。"秦始皇一听，马上征派徭役，在孔子墓地南面挖了洙水河，正好为孔子效劳，完成了孔子墓的最后一项工程，也同时为孔林平添了一道风景。孔子从未崇拜过神，这似乎又像是神的指示。

4. 相关古文

自泰山发脉，石骨走二百里，至曲阜结穴，洙泗二水汇于其前，孔林数百亩，筑城围之。城以外皆孔氏子孙，围绕列葬，三千年来，未尝易处。南门正对峄山，石羊石虎皆低小，埋土中。伯鱼墓，孔子所葬，南面居中，前有享堂，堂右横去数十武，为宣圣墓。墓坐一小阜，右有小屋三楹，上书"子贡庐墓处"。墓前近案，对一小山，其前即葬子思父子孙三墓，所隔不远，马鬣之封不用石砌，土堆而已。林中树以千数，惟一楷木老本，有石碑刻"子贡手植楷"，其下小楷生植甚繁。此外合抱之树皆异种，鲁人世世无能辨其名者，盖孔子弟子异国人，皆持其国中树来种者。林以内不生荆棘，并无刺人之草。

——摘自明张岱所著《夜航船》

"三孔"因人而存在，因文化而存在。在它的辉煌历程中，体现出的是历代人们以及统治者对孔子及其所创儒家文化的大力推崇。

儒家文化是中国乃至全世界的文化财富。随着人们对孔子及其所创儒家文化辩证认识的深入，"三孔"将继续存在并发挥它的作用，给世人提供更加丰富的物质和精神营养。